Ein mechanisches Kommutierungsverfahren zum direkten Betrieb von permanenterregten Synchronmaschinen aus einer Gleichspannungsquelle

vom Fachbereich
Elektrotechnik, Informationstechnik und Medientechnik
der Bergischen Universität Wuppertal
genehmigte

Dissertation

zur Erlangung des akademischen Grades
Doktor der Ingenieurwissenschaften

von

Dipl.-Ing. Tobias Rösmann

Tag der Prüfung: 27.01.2012
Hauptreferent: Prof. Dr.-Ing. Stefan Soter
Korreferent: Prof. Dr.-Ing. Andreas Steimel, Ruhr-Universität Bochum

©2013, 2012 Tobias Rösmann

Alle Rechte, auch die der fototechnischen und elektronischen Speicherung und Wiedergabe vorbehalten. Die gewerbliche Nutzung der in diesem Produkt gezeigten Modelle und Arbeiten bedürfen der ausdrücklichen Genehmigung des Rechteinhabers.

ISBN: 978-3-84-825093-6

Herstellung und Verlag der gedruckten Version: Books on Demand GmbH, Norderstedt

Das Umschlagbild zeigt den gemessenen Motorstrom im Dreiphasen-Koordinatensystem bei quasi-zwölf-pulsigen Kommutatorbetrieb (links oben) sowie den daraus berechneten Verlauf im statororientierten α/β-Koordinatensystem (rechts unten) sowie im rotororientierten d/q-Koordinatensystem (links unten) für:

$\Delta\varepsilon = -15°$, $U_{DC} = 100$ V, $m_L = 2.1$ Nm, $\Omega = 243$ min^{-1}

Danksagung

Die vorliegende Arbeit entstand während meiner Tätigkeit als wissenschaftlicher Mitarbeiter von Herrn Prof. Dr.-Ing. Stefan Soter am Lehrstuhl für elektrische Maschinen und Antriebe der Bergischen Universität Wuppertal in Zusammenarbeit mit der Moog Unna GmbH.

Ich danke Herrn Prof. Dr.-Ing. Stefan Soter ganz herzlich für die langjährige fachliche und freundschaftliche Unterstützung. Nur durch diese gelang es mir, alle Herausforderungen bei der Durchführung und Fertigstellung dieser Arbeit erfolgreich zu meistern.

Herzlichst danken möchte ich Herrn Prof. Dr.-Ing. Andreas Steimel von der Ruhr-Universität Bochum für die Übernahme des Korreferates. Sein großes Interesse und die wertvollen fachlichen Tipps und Korrekturen haben im hohen Maße zum Gelingen meiner Dissertation beigetragen.

Ich möchte dem Unternehmen Moog und besonders Herrn Matthias Vehring für das entgegengebrachte Vertrauen und die Unterstützung dieser wissenschaftlichen Arbeit danken. Ganz herzlich bedanken möchte ich mich bei allen Kolleginnen und Kollegen der Entwicklungsabteilung der Moog Unna GmbH, die mich während meiner Abwesenheit im Unternehmen vertreten und mich mit vielen Gefälligkeiten unterstützt haben. Herrn Stefan Strugl danke ich für die Konstruktion des Prüfstandes, ohne den ein praktischer Nachweis der theoretischen Überlegungen nicht möglich gewesen wäre.

Bei meinen Kolleginnen und Kollegen an der Bergischen Universität Wuppertal möchte ich mich für all die Unterstützung in meiner Zeit am Lehrstuhl bedanken.

Bedanken möchte ich mich bei meinen Eltern, die mich während meiner gesamten Ausbildung unterstützt und mir Selbstvertrauen gegeben haben. Meiner Schwester Melanie danke ich für die Korrektur dieser Arbeit und für all die Zeit die sie dafür aufgebracht hat. Vielen Dank an meine Freunde die immer Verständnis für meinen chronischen Zeitmangel hatten.

Ich danke meiner lieben Alex für die Gestaltung des Buchumschlages. Ganz besonders danke ich ihr aber dafür, dass sie mir immer wieder Kraft gibt und unbelehrbar an mich glaubt.

Abstract

In der vorliegenden Arbeit wird ein neuartiges Kommutierungsverfahren vorgestellt, durch welches ein Synchron-Servomotor direkt aus einer Gleichspannungsquelle betrieben werden kann.

Das Verfahren nutzt diskrete Spannungsraumzeiger zur Ansteuerung der elektrischen Maschine, wie sie auch bei der Direkten Selbstregelung oder dem *Direct Torque Control*-Verfahren zum Einsatz kommen. Dort beeinflussen Flussraumzeiger und Drehmoment den zu stellenden Spannungsraumzeiger. Im vorgestellten Verfahren jedoch bestimmt ausschließlich die mechanische Rotorposition den Raumzeiger der anliegenden Statorspannung. Die außergewöhnliche Eigenschaft des Verfahrens liegt darin, dass es rein elektromechanisch realisiert ist und weder Leistungselektronik noch Mikrokontroller zum Einsatz kommen. Aus diesem Grund wird das Verfahren als Mechanische Selbstkommutierung, kurz MSK bezeichnet.

In einem ersten Schritt werden die Eigenschaften des Verfahrens unter der Annahme eines idealen rotorgesteuerten Drehspannungssystems hergeleitet und analysiert. Daraufhin wird eine praktische Lösung für den mechanischen Kommutator vorgestellt, durch welchen die Ansteuerung des Synchron-Servomotors mit diskreten Spannungsraumzeigern ermöglicht wird.

Das Gesamtsystem, bestehend aus Kommutator und Servomotor, wird im folgenden mathematisch beschrieben und mit der Software Matlab Simulink modelliert. Hierbei wird insbesondere die Rückwirkung der Maschine auf das Schaltverhalten des Kommutators berücksichtigt.

Abschließend werden durch einen Prüfstand die theoretischen Betrachtungen sowie das Simulationsmodell auf ihre Gültigkeit hin geprüft.

In einer Windkraftanlage soll das entwickelte Verfahren in den elektrischen Antrieben des Rotorblattverstellsystems zum Einsatz kommen. Der Pitchantrieb wird hierbei von dem mechanischen Kommutator angesteuert und direkt aus einem elektrischen Notenergiespeicher gespeist. Die einzelnen Blätter werden durch diese Möglichkeit auch bei Ausfall der Servoregler in die sogenannte Fahnenstellung bewegt um die Windturbine abzubremsen. Die Funktionssicherheit dieser Bremsfunktion wird damit deutlich erhöht.

VI

Inhaltsverzeichnis

1 Einleitung   **1**
    1.1 Motivation 2
    1.2 Stand der Technik 4
    1.3 Aufgabenstellung 5
    1.4 Aufbau der Arbeit 8

2 Grundlagen   **9**
    2.1 Pitchsysteme in Windkraftanlagen 9
        2.1.1 Aufbau und Funktion des Pitchsystems 11
        2.1.2 Funktionsweise des Pitchsystems 12
        2.1.3 Antriebsauslegung und Lasten von Pitchsystemen 15
    2.2 Regelungsverfahren für Drehfeldmaschinen 19
        2.2.1 Direkte Regelungsverfahren 19
        2.2.2 DTC-Betrieb von permanenterregten Synchronmaschinen 22
        2.2.3 Blockkommutierung zur Regelung von Synchronmaschinen 24

3 Funktionale Sicherheit in Windkraftanlagen   **27**
    3.1 CE-Konformität 27
        3.1.1 Zertifizierung der WKA 28
    3.2 Sicherheitsgerichtete Ansteuerung von Maschinen 28
    3.3 Kategorien 31
    3.4 Sicherheitsfunktion 'Nothalt WKA' 32
        3.4.1 SRP/CS Rotor WKA 34
        3.4.2 SRP/CS Pitchachse 35

4 Betrieb mit rotorgesteuertem Drehspannungssystem   **37**
    4.1 Funktionsprinzip des Ansteuerungsverfahrens 37
    4.2 Stationäres Betriebsverhalten 39
        4.2.1 Elektrische Zustandsgrößen im stationären Zustand 40
        4.2.2 Mechanische Zustandsgrößen im stationären Zustand 41
    4.3 Analyse der Drehmomentcharakteristik 43
        4.3.1 Permanenterregte Maschine ohne Reluktanz 43
        4.3.2 Permanenterregte Maschine mit Reluktanzmoment 47
    4.4 Quantitative Analyse des Maschinenverhaltens 54
        4.4.1 Drehmoment, Drehzahl- und Stromcharakteristik 55
        4.4.2 Leistungsaufnahme der Maschine 56
        4.4.3 Einfluss des Wicklungswiderstands 57

	4.4.4 Einfluss der Reluktanz	57
	4.4.5 Dynamisches Verhalten	58

5 Mechanische Selbstkommutierung von Synchronmaschinen — 65
5.1 Diskrete Approximation der Strangspannungen ... 65
    5.1.1 Bestimmung der diskreten Spannungszustände ... 66
    5.1.2 Bewertung möglicher Schaltsequenzen ... 70
5.2 Realisierung des Kommutators ... 76
    5.2.1 Erzeugung der Spannungszustände ... 76
    5.2.2 Kommutierung induktiver und kapazitiver Strangströme ... 78
    5.2.3 Mechanischer Aufbau des Kommutators ... 80
    5.2.4 Elektrisches Ersatzschaltbild des Kommutators ... 81
5.3 Vergleich mit bekannten Regelungsverfahren ... 83

6 Simulation einer MSK-gesteuerten Synchronmaschine — 87
6.1 Aufbau des Simulationsmodells ... 89
6.2 Modellierung des Kommutators ... 91
6.3 Herleitung der Maschinengleichungen ... 92
    6.3.1 Kopplungsmatrix $[M_{ss}]$ ... 94
    6.3.2 Kopplungsmatrizen $[M_{sr}]$ und $[M_{rs}]$ ... 97
    6.3.3 Kopplungsmatrix $[M_{rr}]$ ... 97
    6.3.4 Induzierte Spannung ... 98
    6.3.5 Elektromechanisches Drehmoment der Maschine ... 99
6.4 Nullstrom-kompensiertes Maschinenmodell ... 101
    6.4.1 Systemgleichungen in rotororientierter Darstellung ... 103
    6.4.2 Stationärer Zustand des Gleichungssystems ... 106

7 Messtechnische Verifikation und Modellvalidierung — 109
7.1 Versuchsaufbau ... 109
7.2 Ausgewählte Messergebnisse ... 111
    7.2.1 Stationäre Kennlinien ... 112
    7.2.2 Zeitverläufe ... 115

8 Zusammenfassung und Ausblick — 119

Literaturverzeichnis — 123

A Parameter der Testmaschine — 129

Stichwortverzeichnis — 131

Symbol- und Abkürzungsverzeichnis

$[\Delta I_{dq}]$	Stromvektor des rotororientierten, nullstromfreien Maschinenmodells
$[\Delta M]$	Induktivitätsmatrix des nullstromfreien Maschinenmodells
$[\Delta M_{dq}]$	Induktivitätsmatrix des nullstromfreien Maschinenmodells im rotororientierten d/q System
$[\Delta R]$	Widerstandsmatrix des nullstromfreien Maschinenmodells
$[\Delta R_{dq}]$	Widerstandsmatrix des nullstromfreien Maschinenmodells im rotororientierten d/q System
$[\Delta U_s]$	Vektor der verketteten Spannungen
$[\Delta U_{dq}]$	Spannungsvektor des rotororientierten, nullstromfreien Maschinenmodells
$[\Delta Uip]$	Vektor der verketteten induzierten Spannung
$[I_s]$	Vektor der Statorströme
$[M]$	Induktivitätsmatrix des Maschinenmodells
$[R]$	Widerstandsmatrix des Maschinenmodells
$[U_s]$	Vektor der verketteten Statorspannungen
$[U_{sM}]$	Vektor der Stator-Strangspannung
$[Ui]$	Vektor gesamt-induzierten Strangspannungen
$[Uip]$	Vektor der synchron-induzierten Strangspannungen
$[Uir]$	Vektor der reluktanz-induzierten Strangspannungen
α_{pth}	Pitchwinkel (auch Blattposition genannt)
β	Rotorposition der Wind-Turbine
χ	mechanische Rotorposition
$\ddot{\alpha}_{pth}$	Pitch-Winkelbeschleunigung
δm_0^{pm}	Größe des Arbeitsbereiches der elektrischen Winkelfrequenz
$\Delta \varepsilon$	Phasenoffset des Kommutators
$\Delta \xi$	Diskretisierungswinkel der Strangspannung
$\dot{\chi}$	zeitliche Ableitung der mechanischen Rotorposition
η	Wirkungsgrad
Ω	Mechanische Winkelgeschwindigkeit
ω	Elektrische Winkelgeschwindigkeit

X

ω_0^{pm}	elektrische Winkelfrequenz im Leerlauf
ω_1^{pm}	elektrische Winkelfrequenz im minimalen Kipppunkt des synchronen Drehmoments
ω_2^{pm}	elektrische Winkelfrequenz im maximalen Kipppunkt des synchronen Drehmoments
Ψ_{pm}	permanenterregter magnetischer Fluss
$\underline{U}$	Raumzeiger der Statorspannung im rotororientierten d/q-Koordinatensystem
ε	elektrische Rotorposition
ε_{NS}	räumliche Ausdehnung der Nullsektion
$\vec{\Psi}$	Statorflussraumzeiger der ASM
$\vec{\Psi}_r$	Rotorflussraumzeiger der ASM
$\tilde{U}_{DC}$	Ideelle Grundschwingungsamplitude der Strangspannung
BP	Betriebspunkte mit konstantem, rotororientiertem Eingangsspannungsvektor
D	Mechanische Dämpfung
$F\nu \quad \nu = 1...6$	Vollspannungszustand
g	Erdbeschleunigung
$I\nu \quad \nu = 1...6$	*Intermediate Voltage* Zustand
I_d	stationärer Wert der Längs-Komponente des Stromes
i_d	Längs-Komponente des Stromes im rotororientierten Koordinatensystem
i_d	Quer-Komponente des Stromes im rotororientierten Koordinatensystem
I_F	Erregerstrom des Rotors
I_q	stationärer Wert der Quer-Komponente des Stromes
$I_\nu \quad \nu = a, b, c$	aktuelle Strangströme
J_Σ	Gesamt-Trägheitsmoment
K	Kirchhoffscher Knoten
$K_\nu \quad \nu = 1, 2$	Den Spannungsstellbereich begrenzende Arbeitspunkte
L	Kinetische Potential der Euler-Lagrange-Gleichung
L_d	Amplitudeninduktivität der Längs-Achse
L_q	Amplitudeninduktivität der Quer-Achse
m_0^{el}	Summe aus synchronem und Reluktanz-Luftspaltmoment der Maschine bei Drehzahl Null
m_0^{pm}	synchrones Luftspaltmoment bei Drehzahl Null
M_3	Amplitude der Kopplungsinduktivität zwischen Rotor und Stator
m_L	Lastmoment
m_{el}	Gesamt-Luftspaltmoment des Motors
m_{el}	Summe aus synchronem und Reluktanz-Luftspaltmoment
M_{ij}	Koeffizienten der Induktivitätsmatrix

m_{pae}	Aerodynamisch bedingter Anteil des Pitch-Lastmoments
m_{pdy}	Trägheitsanteil des Pitch-Lastmoments
m_{pfr}	Reibungsanteil des Pitch-Lastmoments
m_{pgv}	Gravitationsanteil des Pitch-Lastmoments
m_{pm}	synchrones Luftspaltmoment
m_{pth}	Gesamt-Lastmoment des Pitchmotors
MA	Kirchhoffsche Masche
P_{el}	Elektrische Wirkleistung
P_m	Mechanische Leistung
q_i	Freiheitsgrad der Euler-Lagrange-Gleichung
Q_{el}	Elektrische Blindleistung
R_{ij}	Koeffizienten der Widerstandsmatrix
R_s	Wicklungswiderstand der Statorwicklung pro Strang
$S_\nu \quad \nu = 1,2,3$	Schalter im ESB des Kommutators
T_{com}	Zeitdauer für das Durchlaufen der Nullsektion
U_1^{dkrit}	Negative Begrenzung des Spannungsstellbereiches in Längsrichtung
U_1^{qkrit}	Äußere Begrenzung des Spannungsstellbereiches in Querrichtung
U_2^{dkrit}	Positive Begrenzung des Spannungsstellbereiches in Längsrichtung
U_2^{qkrit}	Innere Begrenzung des Spannungsstellbereiches in Querrichtung
U_d	stationärer Wert der Längs-Komponente der Spannung
U_d	stationärer Wert der Quer-Komponente der Spannung
u_d	Längs-Komponente der Spannung im rotororientierten Koordinatensystem
u_q	Quer-Komponente der Spannung im rotororientierten Koordinatensystem
$U_\nu \quad \nu = a,b,c$	angelegte Strangspannung
U_{D0}	Leerlaufspannung der Spannungsquelle
U_{DC}	Gleichspannung am Eingang des Kommutators
U_{emf}	induzierte Spannung im rotororientierten Koordinatensystem
v_W	Windgeschwindigkeit
$V_\nu \quad \nu = 1,2$	Bezeichnung der Klemmdioden
x^{el}	der Summe aus synchronem und Reluktanz-Luftspaltmoment zugeordnete Größe x
x^{pm}	dem synchronen Luftspaltmoment zugeordnete Größe x
Z_p	Polpaarzahl
$Z_\nu \quad \nu = a,b,c$	Strangimpedanz

Kapitel 1

Einleitung

Moderne Multimegawatt-Windkraftanlagen, kurz WKA, sind nahezu ausschließlich mit einem elektromechanischen Pitchsystem ausgestattet. Es erfüllt insbesondere zwei Funktionen: Bei Starkwind ist das System dafür verantwortlich, das wirksame Moment auf den Turbinenstrang und damit die Leistungsabgabe ans Netz auf die Nennleistung zu begrenzen. Die zweite Aufgabe des Systems liegt darin, die Turbine durch Verfahren der Blätter in die sogenannte Fahnenstellung abzubremsen, was durch die sogenannte Notfahrt erfolgt. Die Notfahrt ist jedoch eine Sicherheitsfunktion, da das Pitchsystem bei großen Windkraftanlagen als alleiniges Bremssystem genutzt wird. Aus diesem Grund muss ein Abbremsen des Rotors zu jedem Zeitpunkt gewährleistet sein.

Aus diesem Grund sind alle drei Achsen eines Pitchsystems mit autarken elektrochemischen Energiespeichern, wie z.B. Blei-Vlies-Akkumulatoren, ausgerüstet. Um ein hohes Maß an funktionaler Sicherheit für das Pitchsystem zu realisieren, kommen bislang nach dem aktuellen Stand der Technik Gleichstrommaschinen zum Einsatz. Auf diese Weise wird gewährleistet, dass bei einem Ausfall der Leistungselektronik die Pitchsysteme direkt aus den DC-Energiespeichern angetrieben werden können und die Turbine durch Verfahren der Blätter in die sogenannte Fahnenstellung abbremsen.

Verglichen mit Synchron-Servomotoren sind Gleichstrommaschinen jedoch groß, schwer, wartungsintensiv, haben einen geringeren Wirkungsgrad und sind auch in der Anschaffung teuer. In der industriellen Antriebstechnik haben effiziente Servoantriebe aus diesem Grund die Gleichstrommaschine aus fast allen Bereichen verdrängt.

Im Rahmen der vorgelegten Dissertation wurde eine in einen Synchron-Servomotor integrierte mechanische Kommutierungseinheit entwickelt, die eine vorteilhafte Kombination beider Antriebskonzepte ermöglicht: Im Normalbetrieb wird der Synchronmotor vektorgeregelt durch den Servoumrichter positioniert. Bei Ausfall der Leistungselektronik wird der Motor dann vom Servoumrichter getrennt und durch die mechanische Kommutierungseinheit angesteuert in die Fahnenstellung verfahren. Zur technischen Realisierung der entwickelten Funktionseinheit wurde ein mechanisches Ansteuerungsverfahren entwickelt, welches Parallelen zu bekannten Verfahren wie z.b. der Direkten Selbstregelung [1] oder dem *Direct Torque Control*-Verfahren [2] aufweist. Zur praktischen Untersuchung des Verfahrens wurde ein Prüfstand aufgebaut, mit welchem die theoretischen Überlegungen überprüft wurden.

1.1 Motivation

Seit Jahren befindet sich die Windenergiebranche in einem Wandel. Ausgangspunkt hierfür waren gesetzliche Neuerungen, insbesondere das Erneuerbare Energien Gesetz, kurz EEG, vom 29. März 2000. Die wirtschaftliche Attraktivität der Windkraft wurde durch diese Rahmenbedingungen unmittelbar gefördert. Dies ist auch einer der Gründe dafür, dass Deutschland heute im Bereich der Windenergie weltweit führend ist. Gleichzeitig wird diese Position durch die von der Regierung im Jahr 2011 getroffene Entscheidung zum Atomausstieg und den geplanten verstärkten Ausbau der erneuerbaren Energien, insbesondere der Offshore-Windenergie, noch weiter gestärkt.

Von der derzeit im Bereich der Windenergie stattfindenden Industrialisierung sind alle Teile der Produktkette betroffen. Leitfaden dieser Industrialisierung sind gesetzliche Richtlinien, Normen und Standards. Die noch im Aufbau befindliche Produktnorm DIN EN 61400 verdeutlicht hierbei jedoch, wie jung die Windenergie noch immer ist. Da spezielle Produktnormen in der Windenergie kaum existieren, wird die Branche derzeit von Richtlinien gelenkt. Namentlich sind dies die Maschinenrichtlinie 2006/54/EG [34] sowie die aktuelle Fassung der Richtlinie zur Zertifizierung von Windkraftanlagen des Germanischen Lloyd [32]. Hersteller von Windkraftanlagen sind seit dem 01.01.2010 zudem verpflichtet, die CE-Konformität des Produkts nach der neuen Maschinenrichtlinie zu erklären.

Die Neuerungen der Maschinenrichtlinie liegen insbesondere im Bereich der Produktsicherheit. Diese besteht in erster Linie darin, den Anwender der Maschine und dessen Umfeld vor Gefahren zu schützen. Des weiteren ist Produktsicherheit jedoch auch zum Schutz der Maschine selbst vorgesehen und dient dem Schutz von wertvollen wirtschaftlichen Gütern.

Neben der Herausforderung, den aktuellen Richtlinien gerecht zu werden, sieht sich die Branche gezwungen, die Produktionskosten kontinuierlich zu reduzieren, um die jährlich sinkenden staatlichen Subventionen für die Windenergie abzufedern. Der langfristige wirtschaftliche Erfolg der Windenergieindustrie ist somit nur durch eine Effizienzsteigerung in allen Bereichen der Produktion und eine ständige Optimierung aller Komponenten erreichbar.

Auch das Pitchsystem der WKA ist von dieser Entwicklung betroffen, denn die Anforderungen an eine hohe Produktqualität bei gleichzeitig möglichst niedrigen Kosten werden direkt an die Systemlieferanten weitergereicht. Letztere können nur dann beiden Forderungen gerecht werden, indem sie neue zielführende Lösungen entwickeln.

Das Optimierungspotential für Pitchsysteme liegt hauptsächlich in der Architektur des Pitchantriebs, bestehend aus Servoregler und Pitchmotor. In Tab. 1.1 ist eine Gegenüberstellung der derzeit am Markt verfügbaren Motortechnologien dargestellt. Wie bereits oben erwähnt, ist die Verwendung von Gleichstrommaschinen (GM) als Pitchmotor Stand der Technik. Die Tabelle zeigt jedoch, dass diese Motortechnologie sowohl Asynchronmaschinen (ASM) als auch permanenterregten Synchronmaschinen mit vergrabenen Magneten (IPM[1]) in nahezu allen Punkten unterlegen ist. Einzig der sicherheitsrelevante direkte Betrieb aus einer Gleichspannungsquelle ist ausschließlich mit Gleichstrommaschinen erreichbar.

Tabelle 1.1: Gegenüberstellung der relevanten Motortechnologien für Pitchsysteme

	IPM SM	ASM	GM
Marktpräsenz	+	++	-
Anschaffungskosten	+	++	-
Wartung	+	++	-
Leistungsdichte	++	+	o
Spitzenmoment	++	o	+
η bei kleinen Drehzahlen	+	-	o
Feldschwächung	++	+	+
Betrieb ohne Geber	++	+	+
Betrieb ohne Leistungselektronik	-	(+)	++

Die Asynchronmaschine weist ökonomisch die besten Werte auf. Sie ist, bedingt durch ihren Aufbau, extrem wartungsarm, robust und zudem am Markt kostengünstig erhältlich. Bei einem direkten technologischen Vergleich mit der IPM-Maschine weist die ASM jedoch wesentliche Nachteile auf. Die Leistungsdichte der ASM ist prinzipbedingt geringer. Hierfür sind die Magnetisierungsverluste im Rotor verantwortlich. Diese bewirken insbesondere bei geringen Drehzahlen einen starken Abfall des Wirkungsgrads. Wie in [36] berichtet, arbeiten Pitchantriebe jedoch nahezu ausschließlich im reversierenden Betrieb, wodurch der Wirkungsgrad im niedrigen Drehzahlbereich ausschlaggebend ist. Der Grund für die Abwertung der ASM im Spitzenmoment liegt in der quadratischen Abhängigkeit des Spitzenmoments von der Statorspannung. Da Pitchsysteme insbesondere bei Netzausfall

---

[1] *Interior Permanent Magnet*

zur Notfahrt ein hohes Spitzenmoment benötigen (vgl. Abb. 2.6), muss dies auch bei stark reduzierter Zwischenkreisspannung zur Verfügung stehen. Dies führt dazu, dass als ASM ausgeführte Pitchmotoren auf niedrige Spannungen ausgelegt sind, womit der Strombedarf der ASM im Vergleich zur IPM-Maschine hoch ist. Dies stellt wiederum erhöhte Leistungsanforderungen an den Servoregler. Im Kontext des Gesamtsystems relativiert sich somit der Kostenvorteil der ASM.

Eine der neusten verfügbaren Funktion in der industriellen Antriebstechnik ist die nun verfügbare sensorlose Regelung von IPM-Synchronmaschinen (vgl. [42]). Da derartige Regelungen für ASM oder GM nicht industriell verfügbar sind, weist die IPM-Maschine auch hier einen Vorteil auf.

Einzig der Betrieb ohne Leistungselektronik ist für permanenterregte Synchronmaschinen derzeit nicht möglich. Die ASM kann bei Ausfall des Servoreglers direkt auf das Drehstromnetz aufgeschaltet werden. Die sicherheitstechnische Relevanz dieser Möglichkeit wird jedoch dadurch relativiert, dass der Netzausfall insbesondere in infrastrukturell schwachen Regionen der Welt zu einer normalen Betriebsart gehört. Zudem können Ereignisse wie z.B. Blitzeinschlag eine gemeinsame Ursache für den zeitparallelen Ausfall von Netz und Leistungselektronik darstellen.

Die Aufgabe der vorliegenden Dissertation besteht nun darin, die letzte verbleibende negative Bewertung der IPM-Maschine in Tab. 1.1 durch eine Innovation zu beseitigen.

1.2 Stand der Technik

Der Stand der Technik der elektromechanischen Pitchsysteme lässt sich in zwei Systemstrukturen aufteilen, sogenannte DC- und AC-Pitchsysteme. Die Benennung der Topologie wird durch die eingesetzte Motortechnologie bestimmt. Kommt eine Gleichstrommaschine als Pitchmotor zum Einsatz, so spricht man von einem DC-Pitchsystem, kurz DC-System.

Der sehr vereinfachte Aufbau einer Achse des Systems ist auf der rechten Seite in Abb. 1.1 dargestellt. Charakteristisch für das DC-System ist der elektromechanische Ansteuerungskanal, der beim Ausfall des Servoreglers die Notfahrt durchführt. Im Produktionsbetrieb der WKA wird der Gleichstrommotor durch den Servoregler positioniert betrieben. Kommt es zu einem Ausfall des Netzes, so wird der Zwischenkreis des Servoreglers durch den angeschlossenen Energiespeicher versorgt und das Pitchsystem kann den Pitchbetrieb ohne Unterbrechung fortsetzen.

Die zuletzt beschriebenen Funktionen sind identisch mit denen eines AC-Pitchsystems. Charakteristisch für ein AC-System ist jedoch die zum Einsatz kommende dreiphasige Motortechnologie. Hierdurch entfällt der redundante Ansteuerungskanal des DC-Systems.

Unabhängig davon, ob eine ASM- oder IPM-Synchronmaschine zum Einsatz kommt, entspricht die Systemarchitektur jeder Achse der linken Darstellung in Abb. 1.1.

Ein DC-System stellt somit pro Blatt zwei Ansteuerungskanäle zur Ausführung der Notfahrt zur Verfügung, wohingegen ein AC-System lediglich über einen Kanal verfügt. Die sicherheitstechnische Bedeutung dieser Eigenschaft wird ausführlich in Kapitel 3 diskutiert.

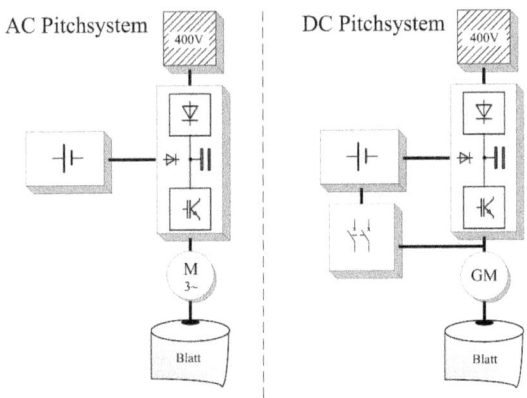

Abbildung 1.1: Strukturen der am Markt erhältlichen Pitchsysteme

1.3 Aufgabenstellung

In Abb. 1.2 ist eine im Rahmen der vorgelegten Dissertation neuentwickelte Systemstruktur abgebildet. Sie zeichnet sich dadurch aus, dass sie die Eigenschaften der bisher am Markt verfügbaren Strukturen des DC- und AC-Pitchsystems vorteilhaft miteinander kombiniert.

Der Aufbau des entwickelten Systems entspricht dem eines AC-Systems, wobei als Pitchmotor gemäß der Argumentation aus Kapitel 1.1 eine IPM-Maschine zum Einsatz kommt. Hauptmerkmal der Architektur ist ein redundanter Antriebskanal, bei dem der Pitchmotor durch eine sogenannte Mechanische Selbstkommutierung, im Folgenden kurz MSK genannt, elektromechanisch betrieben wird.

Im Produktionsbetrieb der WKA ist die MSK-Einheit nicht aktiv. Kommt es jedoch zum Ausfall des Servoreglers, übernimmt die MSK-Funktionseinheit die Versorgung des Pitchmotors und bewegt das Blatt in die sichere Fahnenstellung. Alle genannten Vorteile der IPM-Servomotor-Architektur können genutzt und hierdurch der letzte verbliebene Nachteil aus Tab. 1.1 beseitigt werden. Die Architektur bietet somit ebenfalls den Vorteil des

DC-Pitchsystems: Selbst bei Ausfall mehrerer Pitch-Servoregler verfahren alle Blätter in die sichere Fahnenstellung und das Abbremsen der WKA wird in jeder Betriebssituation sichergestellt.

Bei der MSK-Einheit handelt es sich um einen bürstenbehafteten, mechanischen Kommutator, der zwei Funktionen übernimmt: Auf der einen Seite übernimmt er die Funktion eines Leistungsschalters, welche im bekannten DC-Pitchsystem durch zusätzliche DC-Schütze übernommen werden muss. Durch einen elektromagnetischen Mechanismus ist der Kommutator in der Lage, im deaktivierten Zustand den Kontakt von Bürsten und Schleifringen durch Abheben zu unterbrechen. Diese Eigenschaft führt zudem dazu, dass die Bürsten fast keinem Verschleiß unterliegen. Der Einsatz eines speziellen Bürstenmaterials in Kombination mit den zu erwartenden sehr geringen Schaltzyklen gewährleistet hier quasi Wartungsfreiheit über die gesamte Laufzeit der WKA.

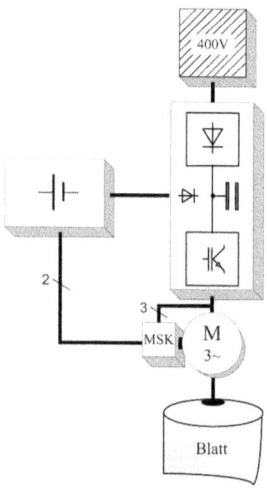

Abbildung 1.2: Aufbau einer Pitchsystem-Achse mit integrierter Mechanischer Selbstkommutierung (MSK)

Die eigentliche Hauptaufgabe des Kommutators ist jedoch die Erzeugung eines dreiphasigen Drehspannungssystems. Das mit der elektrischen Rotorposition synchrone Drehspannungssystem versorgt dabei direkt die drei Stränge der IPM-Synchronmaschine. Die Aufgabe der vorliegenden Dissertation besteht darin, ein Konzept für die Umsetzung der beschriebenen MSK-Funktionseinheit zu entwickeln und die Funktionstüchtigkeit dieser mechanischen Kommutierungseinheit theoretisch und praktisch nachzuweisen.

In Abb. 1.3 wird ein Ergebnis der Arbeit in Form eines 3D-Modells präsentiert. Der rot umrandete Bereich markiert hierbei die Kommutatoreinheit, welche im Gehäuse des Pitchmotors integriert ist. Erkennbar sind die Zündkerzen-Bürsten sowie der Schnitt durch die Spule des elektromagnetischen Schaltmechanismus. Ebenfalls legt der Schnitt einen Teil des scheibenförmigen Schleifringapparates frei, welcher die Aufgabe der Kommutierung übernimmt.

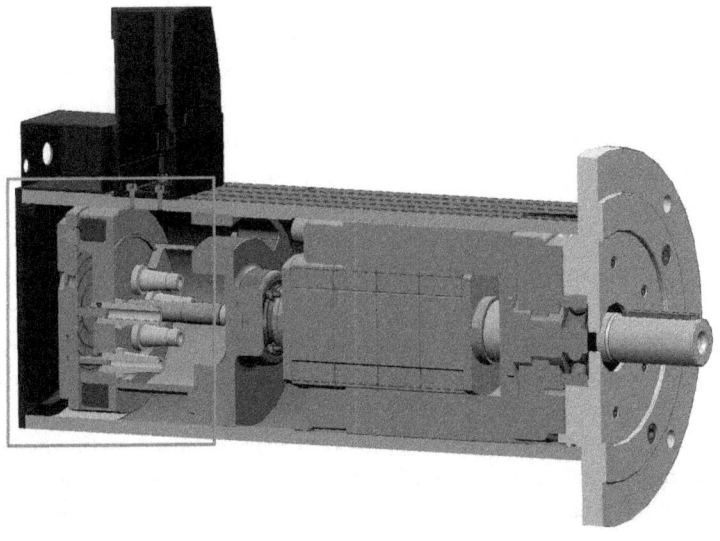

Abbildung 1.3: Designstudie zur Integration eines mechanischen Kommutators in die Pitchmotor-Baureihe PMC6 der Firma MOOG

1.4 Aufbau der Arbeit

Das 2., grundlegende Kapitel ist in zwei Abschnitte aufgeteilt. Im Abschnitt 2.1 werden die aus der Applikation resultierenden Anforderungen beschrieben. Dabei werden im Detail der Aufbau und die Funktion von Pitchsystemen erläutert und im weiteren Verlauf des Abschnitts die auslegungsrelevanten Lasten des Pitchantriebs bestimmt. Der zweite Teil der Grundlagen beschreibt bekannte Regelungsverfahren aus der Antriebstechnik, die eine Verwandschaft zum entwickelten Ansteuerungsverfahren aufweisen.

Im 3. Kapitel wird der Einfluss des Pitchsystems auf die Sicherheit der WKA analysiert, wobei an dieser Stelle insbesondere auf die Ausfallwahrscheinlichkeit der Nothalt-Funktion der WKA eingegangen wird. Das Ergebnis dieser Untersuchungen gibt schließlich eine Antwort auf die wichtige Frage, welchen quantitativen Einfluss die elektromechanische Ansteuerung des Motors auf den maximal erreichbaren Sicherheitslevel des Pitchsystems hat.

Im 4. Kapitel werden die Eigenschaften des entwickelten Ansteuerungsverfahrens analysiert. Die Betrachtungen beziehen sich in diesem Kapitel ausschließlich auf einen idealen Kommutator, der ein rotorsynchrones sinusförmiges Drehspannungssystem erzeugt.

Die mechanische Umsetzung dieses Verfahrens wird im 5. Kapitel vorgestellt. Sie offenbart schließlich die bereits erwähnten Parallelen zu bekannten Regelungsverfahren wie der Direkten Selbstregelung oder auch dem *Direct Torque Control*-Verfahren.

Im 6. Kapitel wird das Simulationsmodell vorgestellt, mit dem das dynamische Verhalten einer MSK-gesteuerten IPM-Synchronmaschine im Zeitbereich simuliert wird. Das Simulationsmodell berücksichtigt hierbei insbesondere die nichtlinearen und zeitvarianten Eigenschaften der Ansteuerung, insbesondere den Einfluss der Klemmdioden auf den dynamischen Verlauf des Motorstroms.

Im 7. Kapitel werden Ergebnisse der Prüfstands-Messungen vorgestellt und mit den Ergebnissen der Simulation verglichen.

Im 8. Kapitel erfolgt die Zusammenfassung, in der insbesondere die Ergebnisse diskutiert und bewertet werden.

Kapitel 2

Grundlagen

2.1 Pitchsysteme in Windkraftanlagen

In der Bedeutung für Funktion und Zuverlässigkeit von modernen Windkraftanlagen wird das Pitchsystem oftmals unterschätzt. Wie in [31] beschrieben, stellt das Pitchsystem als komplexes Subsystem oftmals eine der Ursachen für Stillstandszeiten dar und setzt hierdurch die Produktivität und Verfügbarkeit der Anlage herab.

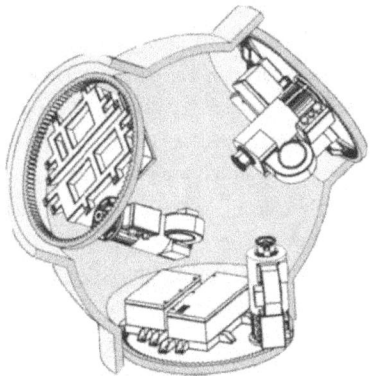

Abbildung 2.1: Installation des Pitchsystem innerhalb der drehenden WKA-Nabe

Während des Produktionsbetriebes der WKA wird nach dem Erreichen der nominalen Windgeschwindigkeit von typischerweise 12 m/s der Anstellwinkel der Rotorblätter, auch Pitchwinkel genannt, kontinuierlich den aktuellen Windverhältnissen angepasst. Dies dient der Begrenzung der ans Netz abgegebenen S1-Dauerleistung, die beim Erreichen der nominalen

Windgeschwindigkeit erreicht ist. Kommt es zu einem Störfall oder verlässt die Windgeschwindigkeit den Betriebsbereich der Anlage, der typischerweise im Bereich von 3 bis 28 m/s liegt, wird die Anlage abgebremst. Das Bremsen der Turbine erfolgt hierbei durch Verfahren der Blätter in die sogenannte Fahnenstellung. Durch die letztere der beiden Aufgaben erhält das Pitchsystem eine für die Anlage sicherheitskritische Funktion, da die aerodynamische Bremsung für große WKA die einzige Möglichkeit darstellt, die Turbine aktiv zu bremsen. Die aerodynamische Bremsung ist hierbei so stark, dass die Anlage innerhalb einer bis zwei Rotorumdrehungen zum Stillstand kommt.

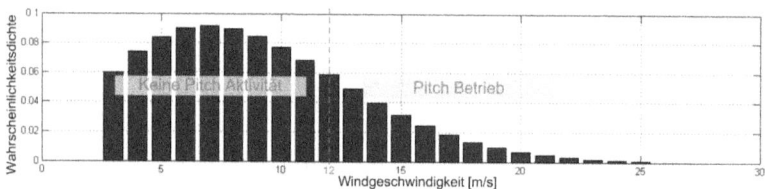

Abbildung 2.2: Typische Weibullverteilung der Windgeschwindigkeit für einen Standort der IEC-Klasse II gemäß [33]

Die Nenndrehzahl einer Turbine ist abhängig von der Anlagengröße und liegt zwischen 14 min^{-1} für 5-MW-Turbinen und 25 min^{-1} für Anlagen mit einer Nennleistung von 1 MW. Da das Pitchsystem, wie in Abb. 2.1 gezeigt, in der sich drehenden Rotornabe untergebracht ist, ergeben sich durch die dort herrschenden Umgebungsbedingungen Anforderungen, die mit Komponenten, welche für den stationären, industriellen Einsatz entwickelt wurden, nur unzureichend abgedeckt werden können. Zu nennen sind hier insbesondere der extrem große Temperaturbereich von -40 bis +70°C, mechanische Belastungen und drehzahlperiodisch auftretende Beschleunigungen durch Vibrationen gemäß DIN EN 60068-2 sowie der insbesondere für Anlagen der 1- bis 2-MW-Klasse beengte Einbauraum. Im Fall von Offshore-Anlagen kommt zudem die salzhaltige Luft hinzu, die hohe Ansprüche an die Korrosivitätsklasse, typischerweise *C5M lang*, stellt.

Auf dem Markt erhältlich sind derzeit sowohl hydraulische als auch elektrische Pitchsysteme. Hydraulische Pitchsysteme verfügen über eine sehr große Leistungsdichte, haben jedoch durch die ständig unter Last laufenden Hydraulik- und Ölkühlaggregate einen extrem hohen Leistungsbedarf, der selbst im Standby-Betrieb im zweistelligen kW-Bereich liegt.

An dieser Stelle bieten elektromechanische Pitchsysteme durch die Ölfreiheit und die grundsätzliche *Torque On Demand*-Eigenschaft große Vorteile, da sich eine Onshore-WKA, wie in Abb. 2.2 gezeigt, kumuliert lediglich während 20 Prozent der zwanzigjährigen Betriebszeit im Pitchbetrieb befindet. Diese natürliche Verteilung der Betriebsdauer ist eine

Folge der Weibullverteilung der Windgeschwindigkeit. Die quantitative Verteilung sowie insbesondere das Maximum der Verteilungsdichte hängt hierbei vom jeweiligen Standort ab.

2.1.1 Aufbau und Funktion des Pitchsystems

Die grundlegenden mechanischen Komponenten eines Pitchsystems sind in Abb. 2.1 erkennbar. Da das System rotiert, werden sowohl die Daten- als auch die Stellsignale über Schleifringe von der Gondel in die Nabe geführt. Der Pitchaktuator für jedes Blatt verfügt über die in Abb. 2.3 dargestellten Komponenten. In jeder Achse der Nabe sind typischerweise zwei Schaltschränke installiert, die aus Gründen der Korrosion im Allgemeinen in V2A, im Falle von Offshore-Anlagen aufgrund des Salznebels sogar in V4A ausgeführt sind. In der Steuerbox (2) ist der Servoregler untergebracht, sowie zusätzliche Elemente wie Schaltkontakte, Blitzschutz, Sicherungen und Überwachungsrelais.

Der Energiespeicher muss beim Einsatz von Blei-Vlies-Akkumulatoren in einem von den Schaltelementen separierten Schaltschrank untergebracht sein (5), da es während des Ladevorgangs zur Bildung von Wasserstoff kommen kann.

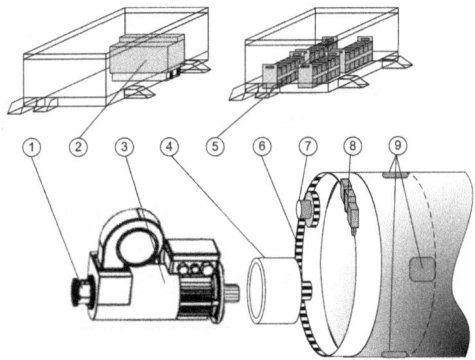

Abbildung 2.3: Kernkomponenten eines elektromechanischen Pitchsystems

Als Speichermedium werden aus Kostengründen derzeit vorwiegend Blei-Vlies-Akkumulatoren eingesetzt, deren typische Nennspannungen durch eine Reihenschaltung von 12-V-Zellen 216 V, 288 V oder auch 360 V betragen. Die benötigte Spitzenleistung und die Auslegung der Maschine ist an dieser Stelle für die Wahl der Spannung und Kapazität der Akkumulatoren ausschlaggebend. Die benötigte Energie spielt bei der Auslegung der Akkumulatoren eine untergeordnete Rolle, da die Kapazität der Zellen mit 7 bis 12 Amperestunden für eine Vielzahl von Notfahrten ausreichend ist. Alternativ kommen auch Ultrakondensatoren zum Einsatz, deren stark erhöhte Anschaffungskosten sich durch eine längere Lebensdauer amortisieren.

Der Servoregler (2) steuert den Pitchmotor (3) an, der über das Untersetzungsgetriebe (4) mit dem Zahnkranz (6) mechanisch gekoppelt ist. Der motorseitige Drehgeber (1) wird zur Positionierung des Blattes benötigt. Zusätzliche Komponenten, wie der redundante Absolutwertgeber am Blatt (7) sowie die Endabschalter (8) werden zur Überwachung sowie zum gesteuerten Verfahren in die Fahnenstellung benötigt.

Zur Überwachung der Blattlasten kommen Sensoren in den Blättern zum Einsatz (9). Hierbei handelt es sich in der Regel um ein optisches, auf Interferenz basierendes Messsystem, welches die Durchbiegung der Blätter in axialer und lateraler Richtung misst. Die Messwerte können auf der einen Seite genutzt werden, um die Materialermüdung zu ermitteln, indem man zum Beispiel das sogenannte *Rainflow Counting* angewendet wird. Zum anderen können die Messdaten in Echtzeit genutzt werden, um eine Einzelblattregelung durchzuführen, die insbesondere die Ermüdungslasten von Blättern (engl. *fatigue*), Gondelrahmen und Turm reduziert. Für jedes Blatt wird dem von der Turbinendrehzahlregelung kommenden Sollwert ein individueller Offset überlagert, der die unsymmetrische Anströmung der Rotorfläche kompensiert. Die Lasten des Pitchsystems erhöhen sich durch diese Regelung jedoch stark, da die 1. Harmonische des additiven Sollwertes turbinendrehzahlfrequent ist [29].

Abhängig von der Systemarchitektur kommt innerhalb des Systems eine zentrale SPS zum Einsatz. Dies führt entweder dazu, dass die Rotornabe noch einen zusätzlichen Schaltschrank erhält, oder dass die zusätzlichen Funktionen auf die drei Steuerboxen verteilt werden.

2.1.2 Funktionsweise des Pitchsystems

In Abb. 2.4 ist der prinzipielle elektrische Aufbau eines Pitchsystems mit Gleichstrommotoren dargestellt. Umrichter sowie Ladegerät werden über den Schleifring mit dreiphasiger Netzspannung versorgt.

Der Energiespeicher wird über das Schütz K4 und die im Regler integrierten Entkopplungsdioden an den Zwischenkreis des Umrichter angebunden. Der Umrichter kommuniziert über den Feldbus und tauscht in Echtzeit Soll- sowie Istwerte mit der übergeordneten SPS aus. Das Pitchsystem verfügt über eine Hardware-Sicherheitskette, die von allen angeschlossenen Geräten im Fall von kritischen Fehlern geöffnet werden kann. Das Öffnen der Sicherheitskette führt unmittelbar in allen Achsen zu einer durch den Servoregler autark durchgeführten Notfahrt in die 90°-Fahnenstellung. Wird bei einem Ausfall des Servoreglers der digitale Ausgang 'Regler Betriebsbereit' deaktiviert, so wird im Falle eines DC-Pitchsystems als letzte Sicherheitsinstanz der DC-Motor direkt der DC-Quelle verbunden um die Notfahrt auszuführen.

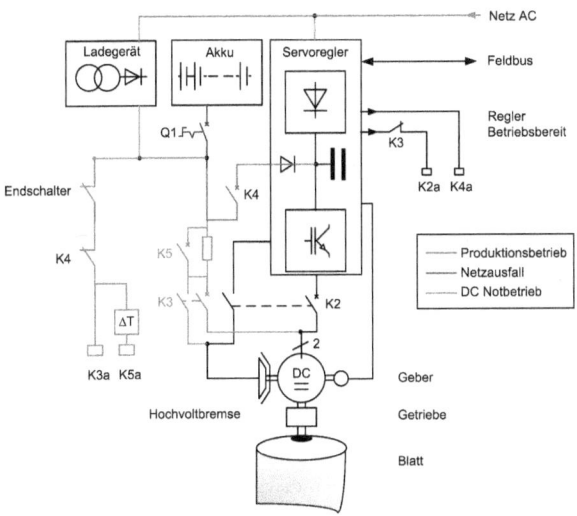

Abbildung 2.4: Architektur und Funktionsweise eines DC-Pitchsystems

Produktionsbetrieb

Überschreitet die ermittelte Windgeschwindigkeit den Mindestwert, erhält das Pitchsystem von der Turbinensteuerung den Befehl, die Blätter synchron in die 0°-Position zu verfahren. Daraufhin wird die Turbine durch das aerodynamische Drehmoment beschleunigt, und ab dem Erreichen einer Mindestdrehzahl beginnt die Einspeisung ins Netz. Im Teillastbereich der Anlage wird die Turbinendrehzahl entlang der sogenannten cp-max-Kennlinie geführt, um die aerodynamische Leistungsaufnahme des Rotors zu maximieren. In diesem Betriebsbereich befindet sich der Pitch im Allgemeinen konstant bei 0°, wobei die Drehzahlregelung der Turbine durch das Generatormoment erfolgt.

Nachdem die Nennleistung des Generators erreicht ist, befindet sich die Anlage im Volllastbereich. Hier wird die Drehzahlregelung der Turbine vorwiegend durch den Pitch ausgeführt. In diesem Betriebsbereich wird das Generatormoment konstant gehalten, was infolge der turbulenten Anströmung zu einem Schwanken der ans Netz abgegebenen Leistung führt.

Auf eine direkte Leistungsregelung wird hier oftmals verzichtet, da diese bei einer im Kurzzeitbereich ansteigenden Drehzahl ein abfallendes Generatormoment zur Folge hat. Dieses kann hochdynamisch eingeprägt zu einer kritischen negativen Dämpfung der Triebstrangschwingungen führen [28].

Zur Realisierung der Turbinen-Drehzahlregelung erhält das Pitchsystem dynamische Positionssollwerte, die zum ständigen Reversieren der Pitchaktuatoren führt. Die Positionierung der Achsen erfolgt zeitoptimal durch den im Servoregler integrierten Profilgenerator. Die maximale Pitchgeschwindigkeit beträgt hierbei gewöhnlich $7\ °/s$, die maximale Beschleunigung liegt bei $15\ °/s^2$. Bei einem Gesamt-Übersetzungsverhältnis von 1200:1 bis 2900:1 führt dies zu einer maximalen Drehzahl des Pitchmotors von etwa 1400 bis 3400 min^{-1}. Die Beschleunigungen liegen entsprechend im Bereich von etwa 3000 min^{-1}/s bis 7300 min^{-1}/s. Die hier genannten Werte entstammen der langjährigen Praxiserfahrung der Firma Moog (vgl. [36]).

Netzausfall

Die sogenannten *Gridcodes* definieren, wie eine WKA im Falle bestimmter Netzstörungen reagieren muss. In Deutschland wird dies in der sogenannten E.ON-Richtlinie vom April 2006 geregelt [35]. Grundsätzlich definieren sie, über welchen Zeitraum die WKA bei Spannungs- und Frequenzschwankungen sowie anderen Störungen ihren Betrieb fortsetzen und ans Netz geschaltet bleiben muss.

Für das Pitchsystem wird gefordert, dass es den Pitchbetrieb ohne Netz für bis zu drei Sekunden aufrechterhalten muss. Nach Ablauf dieser Zeitspanne wird die Turbine gestoppt. Hierzu dreht das Pitchsystem die Blätter in die 90°-Fahnenstellung. Die Energie des Energiespeichers muss somit so bemessen sein, dass das System 3 Sekunden Pitchbetrieb sowie die ggf. im Anschluss stattfindende Notfahrt unter allen Umständen durchführen kann.

Direkter Betrieb aus dem Energiespeicher

Beim DC-Pitchsystem verfügt jede Antriebsachse über den in Abb. 2.4 rot gekennzeichneten redundanten Ansteuerungskanal, der bei Ausfall eines Servoreglers und dessen digitalen Ausgangs 'Regler Betriebsbereit' aktiviert wird. Durch eine direkte Verbindung des Gleichstrommotors mit dem Energiespeicher fährt dieser spannungsgesteuert in Richtung 90°. Zur Begrenzung des Anlaufstromes wird ein Vorwiderstand verwendet, der nach 500 ms durch das Schütz K5 überbrückt wird. Die Notfahrt wird beendet, sobald der bei 90° montierte Endschalter anspricht.

Dieser redundante Kanal existiert ausschließlich für Systeme mit Gleichstrommotoren.

Wird das Pitchsystem mit Asynchron- oder Synchronmaschinen ausgestattet, erhöht sich die Ausfallwahrscheinlichkeit für die Sicherheitsfunktion 'Nothalt' wesentlich, da in diesem Fall leistungselektronische Servoumrichter zum Einsatz kommen, die eine Vielzahl von elektronischen Teilkomponenten enthalten und deren Funktionen durch komplexe Firmware bestimmt wird. Details hierzu werden im Kapitel 3 diskutiert.

2.1.3 Antriebsauslegung und Lasten von Pitchsystemen

Die Antriebsauslegung des Pitchsystems erfolgt in der Praxis auf Basis von durchgeführten Lastensimulation der WKA. Für diese stehen speziell hierfür entwickelte Programme wie *Flex5* oder *Bladed* zur Verfügung. Im Programm wird dann ein vollständiges Modell der Strukturdynamik der WKA hinterlegt. Die Lastensimulation verfolgt hierbei zwei Ziele:

Zum einen ermöglicht die Simulation schon während des Entwicklungsprozesses eine Verifikation und Validierung der Anlagenparameter, zum anderen wird die abschließend durchgeführte Simulation der Gesamtanlage zur Zertifizierung gemäß GL-Richtlinie benötigt. Die Anlagenentwickler müssen hierzu schon in einem sehr frühen Stadium die jeweils gültige GL-Richtlinie (siehe [32]) in den Entwicklungsprozess mit einbeziehen.

Tabelle 2.1: WKA-Auslegungslastfälle gemäß [32] und Relevanz für die Antriebsauslegung des Pitchsystems

Betriebsbedingung	Lastfall	Relevanz	Kommentar
Produktionsbetrieb	DLC 1.1 - DLC 1.15	++	Thermische Auslegung
Produktionsbetrieb und Fehler	DLC 2.1 DLC 2.2	++	Spitzendrehmoment Auslegung Energiespeicher
Start	DLC 3.1 DLC 3.2	O	Erfüllt mit DLC 1.x, DLC 5.1
Normale Abschaltung	DLC 4.1 DLC 4.2	O	Erfüllt mit DLC 5.1
Notabschaltung	DLC 5.1	++	Spitzenleistung
Parken- Stillstand oder Leerlauf	DLC 6.1- DLC 6.4	+	Auslegung der Haltebremse
Parken und Fehler	DLC 7.1	++	Auslegung der Haltebremse
Transport, Wartung und Reparatur	DLC 8.1- DLC 8.5	-	Erfüllt mit DLC 1.x
Extreme Betriebsbedingungen	DLC 9.1- DLC 9.8	(++)	Standort- Typ abhängig

Die zur Zertifizierung durchzuführenden Simulationsläufe sind in sogenannte *DLC* eingeteilt. Diese Abkürzung steht für *Design Load Case* und entspricht einem speziellen Lastfall, auf den die WKA ausgelegt werden muss. Die Simulationsläufe können hierbei in zwei Typen unterteilt werden: Auslegung nach Ermüdung (engl. *fatigue loads*) oder Extremlast (engl. *ultimate loads*). Welches Auslegungskriterium zum Tragen kommt, hängt hierbei von der jeweils zu dimensionierenden Komponente und ihrer Belastungsart ab.

Für die Auslegung des Pitchsystems werden die Simulations-Zeitreihen der WKA mit genutzt, wobei diverse Lastfälle für die Auslegung bestimmter Systemeigenschaften herangezogen werden. In Tab. 2.1 wird die Relevanz der einzelnen Lastfälle für die Dimensionierung des Pitchsystems bewertet.

Gemäß der aktuell gültigen Richtlinie [32] muss ein detailliertes Modell des Pitchsystems bereits während der Simulationsläufe berücksichtigt werden. Dies ermöglicht dann eine Optimierung des Pitchsystems für einen bestimmten Anlagentyp, indem mehrere Simulations-Iterationen durchlaufen werden [36], [38].

Letztlich ausschlaggebend für eine Auslegung des Pitchantriebs sind Drehmoment und Drehzahl des Motors. In Abb. 2.5 ist hierzu das Blattkoordinatensystem angegeben, in dem sich das auf den Pitchantrieb wirksame Lastmoment wie folgt ergibt:

$$m_{pth} = m_{pae} + m_{pgv} + m_{pfr} + m_{pdy} \qquad (2.1)$$

$$mit \qquad (2.2)$$

$$m_{pae} = f(\beta, \alpha_{pth}, v_W) \qquad (2.3)$$

$$m_{pgv} = f(m_{pae}, g, \beta) \qquad (2.4)$$

$$m_{pfr} = \frac{\mu}{2}\{4.4 \cdot M_{YB} + |F_{ZB}| \cdot D_R + 2.2 \cdot F_{XB} \cdot 1.73\} \cdot 1.25 \qquad (2.5)$$

$$m_{pdy} = J_\Sigma \cdot \ddot{\alpha}_{pth} \qquad (2.6)$$

$$(2.7)$$

Das resultierende Gesamtmoment m_{pth} ergibt sich somit aus der Summe unterschiedlicher externer Einflüsse. Das Drehmoment m_{pae} entsteht durch die am Blatt wirksamen aerodynamischen Kräfte. Das aerodynamische Moment ist hierbei abhängig von der Windgeschwindigkeit v_W, der aktuellen Rotorposition β, sowie dem Pitchwinkel α_{pth}. Hierbei sind die periodisch auf die Blätter wirkenden, unsymmetrischen Anströmungen für die Abhängigkeit vom Rotorwinkel β verantwortlich [37], [29].

Zu diesen aerodynamischen Komponenten kommt ein Gravitationseinfluss m_{pgv} hinzu, welcher die Durchbiegung der Blätter unter Last als Ursache hat. Aufgrund der Windlast kommt es zu der in Abb. 2.5 gekennzeichneten Verschiebung des Blattschwerpunkts, die eine Hebelwirkung auf die Pitchachse ZB zur Folge hat. Die Richtung dieses Drehmoments hängt dabei allein von der Rotorposition ab. Befindet sich das Blatt in der 3-Uhr-Position, wirkt das entstehende Drehmoment in Richtung $\alpha_{pth} \rightarrow 90°$, in der 9-Uhr-Position jedoch in Richtung $\alpha_{pth} \to 0°$. Wie in [21] und [22] berichtet, kann dies während einer energiespeichergesteuerten DC-Notfahrt zu einem generatorischen Gesamtmoment $m_{pth} < 0$ führen.

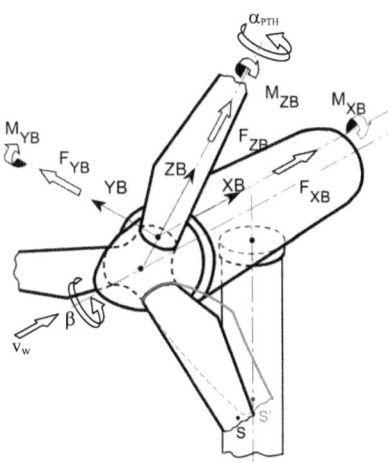

Abbildung 2.5: Definition der Blattkoordinaten gemäß [32] sowie windlastabhängige Verschiebung des Blattschwerpunkts

Ein weiterer, sehr wesentlicher Beitrag entsteht durch die Reibung im Blattlager. Derzeit wird dieses Moment in den Lastenrechnungen durch die sogenannte *Rothe-Erde-Formel* berücksichtigt, welche vom gleichnamigen Unternehmen entwickelt wurde und in Gl. 2.5 analytisch angegeben wird.

Erfahrungen zeigen, dass diese Gleichung ein Worst-Case-Szenario beschreibt, welches aber erst nach vielen Jahren Betrieb und Alterung der Blattlager der Realität entspricht. Dies bedeutet, dass in den ersten Betriebsjahren mit einem deutlich reduzierten Reibmoment gerechnet werden muss, was beim Pitchsystem im Neuzustand zu erhöhtem generatorischen Betrieb führt, der bei der Auslegung von DC-Notfahrt und des Bremswiderstands berücksichtigt werden muss.

Letztendlich muss das Trägheitsmoment des Pitchantriebsstrangs J_Σ im Lastmoment-Anteil m_{pdy} berücksichtigt werden. Dies hängt von der benötigten Pitchbeschleunigung $\ddot{\alpha}_{pth}$ ab, die sich während des Pitchbetriebs ergibt. Insbesondere bei großen DC-Pitchsystemen muss aufgrund des hohen Trägheitsmoments der Motoren dieser Anteil unbedingt berücksichtigt werden.

In Abb. 2.6 ist der typische Leistungsbedarf einer Achse des Pitchsystems für eine 2-MW-Anlage dargestellt. Die zugrunde liegenden Daten wurden von dem Unternehmen

MOOG zur Verfügung gestellt und gemäß [36] ausgewertet. Die Bereiche stellen die Worst-Case Bedingungen der Lastenrechnungen des Lastfalls DLC 1.5 dar. Hierbei wurde das Szenario des Produktionsbetriebs mit anschließender Notfahrt simuliert. Über die aus der Simulation stammenden Zeitreihen des Pitchdrehmoments sowie der Pitchdrehzahl wurde zur Berechnung des Arbeitsbereiches ein Effektivwert über 600 Sekunden berechnet, der dann jeweils einem Datenpunkt entspricht. Die Randlinie um alle Datenpunkte führt anschließend auf den S1-Arbeitsbereich des Antriebs.

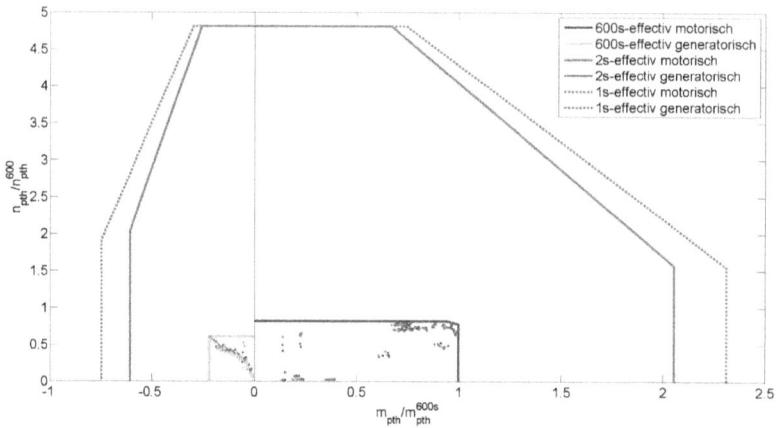

Abbildung 2.6: Normierter Dauer- und Spitzenleistungsbereich eines Pitchsystems am Beispiel einer 2 MW WKA

Die Anforderung im Spitzenleistungsbereich ergeben sich, indem ein gleitender Effektivwert über 1s gebildet wird. Entsprechend entstehen auch für diesen Fall Punktwolken, deren Randlinie den Spitzenleistungsbereich ergibt. Aus Gründen der Übersichtlichkeit sind die berechneten Datenpunkte jedoch lediglich für den S1-Dauerbetrieb in Abb. 2.6 dargestellt.

Charakteristisch für die Anforderung an den Pitchantriebe ist die hohe Anforderung an die kurzzeitige Überlastfähigkeit des Antriebs. Abhängig von der WKA erreicht das Spitzenmoment den bis zu 3,5-fachen Wert des Nennmoments.

2.2 Regelungsverfahren für Drehfeldmaschinen

2.2.1 Direkte Regelungsverfahren

In der ersten Hälfte der 1980er Jahre entstanden zeitgleich zwei verwandte Regelungsverfahren für Asynchronmaschinen, die unter den Namen Direkte Selbstregelung, kurz DSR, [1] sowie Direct-Torque-Control, kurz DTC, [2] in der Antriebstechnik bekannt sind. Das Ziel beider Verfahren ist die Realisierung einer hochdynamischen Drehmomentregelung bei gleichzeitiger Reduzierung der Schaltfrequenz im Vergleich zu Regelungsverfahren, die auf einer Puls-Weiten-Modulation basieren.

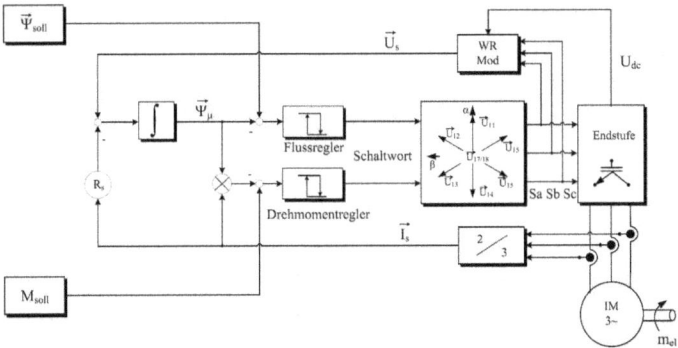

Abbildung 2.7: Prinzipielle Struktur zur direkten Regelung einer Asynchronmaschine

In Abb. 2.7 ist das beiden Verfahren zu Grunde liegende Prinzip dargestellt. Die Sollwerte der Regelung sind das Drehmoment m_{soll} sowie der Statorfluss $\vec{\Psi}_{soll}$. Das Drehmoment der Asynchronmaschine kann nach [20] wie folgt beschrieben werden:

$$m_{el} = \frac{3}{2} Z_p Im \left\{ \vec{\Psi}_\mu^* \cdot \vec{I}_s \right\} \qquad (2.8)$$

$$= \frac{3}{2} Z_p \frac{1}{L_\sigma} \left| \vec{\Psi}_\mu \right| \left| \vec{\Psi}_r \right| \sin \vartheta \qquad (2.9)$$

Somit wird deutlich, dass das Drehmoment maßgeblich durch den Winkel ϑ zwischen Rotorfluss $\vec{\Psi}_r$ und Statorfluss $\vec{\Psi}_\mu$ beeinflusst wird. Dies bedeutet, dass eine schnelle Veränderung des Winkels ϑ eine hochdynamische Veränderung des Drehmoments bewirkt. Hierbei ist eine dynamische Veränderung des Rotorflusses aufgrund der wirksamen Rotorfluss-

Zeitkonstanten $\frac{L_\sigma}{R_r}$ nur eingeschränkt möglich. Diese Einschränkung gilt jedoch nicht für den Zeiger des Statorfluss $\vec{\Psi}_\mu$. Gemäß dem Γ-Ersatzschaltbild der Asynchronmaschine entspricht dieser dem zeitlichen Integral aus angelegter Spannung abzüglich der ohmschen Verluste im Stator:

$$\vec{\Psi}_\mu = \int \left(\vec{U}_s - \vec{I}_s R_s \right) dt \qquad (2.10)$$

Wie in Abb. 2.7 gezeigt, wird genau diese Eigenschaft bei den vorliegenden Regelungsverfahren genutzt, um den aktuellen Fluss in der Maschine durch entsprechende Integration zu bestimmen.

Die Berechnung des aktuellen Drehmoments entstammt Gl. 2.8, wobei die Darstellung in Abb. 2.7 die mathematische Operation lediglich qualitativ darstellt. Eine der wesentlichen Eigenschaften beider Regelungsverfahren ist, dass direkt abhängig von den aktuellen Regelabweichungen von Fluss- sowie Drehmomentregler einer von 6 diskreten Spannungsraumzeigern oder der Nullspannungsraumzeiger des Zwei-Punkt-Wechselrichters geschaltet wird. Die Herleitung der in Abb. 2.7 eingezeichneten Raumzeiger ist z.B. in [20] durchgeführt und wird in dieser Arbeit im Abschnitt 5.1 erneut aufgegriffen und erweitert.

Der aktuelle Spannungszeiger wird nur zum Teil messtechnisch ermittelt. Hierbei wird aus der gemessenen Zwischenkreisspannung U_{ZK} zusammen mit den bekannten Schaltzuständen S_v mit $v = a, b, c$ der aktuelle Raumzeiger nachgebildet.

Da der Fluss auf Basis dieser bekannten Spannung ermittelt wird, sind die Regelungsverfahren besonders robust gegen dynamische Schwankungen der Zwischenkreisspannung.

Direkte Selbstregelung

Die Direkte Selbstregelung wurde speziell für Hochleistungsumrichterantriebe entwickelt und kommt noch heute in der Bahnantriebstechnik zum Einsatz. Bauteil- und leistungsbedingt liegen die Schaltfrequenzen dort im Bereich von 250 Hz, wogegen industrielle PWM-geregelte Antriebe im 100-kW-Bereich im Vergleich dazu meist mit Schaltfrequenzen größer 8 kHz betrieben werden.

Die DSR wurde speziell dahingehend entwickelt, dass die zur Verfügung stehende Schaltfrequenz vollständig ausgenutzt wird. Der Flussregler hat hierbei grundsätzlich Priorität und ist dafür verantwortlich, den Flussraumzeiger durch entsprechendes Schalten der Spannungszustände $\vec{U}_{1\nu}$ mit ($\nu = 1, 2, 3, 4, 5, 6$) entlang einer sechseckigen Trajektorie zu führen. Der Flussselbstregler besteht bei der DSR aus drei Schmitttriggern, die jeweils bei

Erreichen des vorgegebenen Wertes der β-Projektion des Flussraumzeigers von Strang a,b und c den nächsten Schaltzustand aktivieren.

Bei Vernachlässigung des Statorwiderstandes für Maschinen großer Leistung, führt dies zu einem für die DSR typischen sechseckförmigen Verlauf des Flussraumzeigers, dessen Bahngeschwindigkeit die Drehzahl der Maschine bestimmt.

Um die resultierende Bahngeschwindigkeit des Flussraumzeigers und damit das entstehende Drehmoment zu regeln, wird ein Drehmomentregler benötigt, der in das vom Flussregler generierte Schaltmuster eingreift. Er ist bei der DSR ebenfalls als Schmitttrigger ausgeführt, der beim Überschreiten des Sollwertes plus Hysterese ϵ_m den zur jeweiligen Schaltsituation optimalen Nullspannungsraumzeiger $\vec{U}_{17} = \{0, 0, 0\}$ oder $\vec{U}_{18} = \{1, 1, 1\}$ schaltet und damit den Flussraumzeiger anhält. Damit nimmt (im Motorbetrieb) das Drehmoment wieder ab. Nach Unterschreitung der Hysterese wird der Wechselrichter dann wieder mit den Schaltmustern des Flussreglers angesteuert. Dieser Vorgang führt dann zum charakteristischen Pulsen der DSR zwischen Außen- und Nullspannungsraumzeiger.

Besonders vorteilhaft an der DSR ist hierbei, dass die Hysterese ϵ_m von einem Schaltfrequenzregler immer so eingestellt wird, dass die maximale zur Verfügung stehende Schaltfrequenz ausgenutzt wird. Der Drehmomentrippel wird hierdurch in jedem Drehzahl- Drehmoment-Arbeitspunkt minimiert.

Im Laufe der Jahre wurde die DSR ständig weiterentwickelt. Dies gilt beispielsweise für Strukturen zur dynamischen Feldschwächung, für die Optimierung des niedrigen Drehzahlbereich durch die sogenannte Indirekte Statorgrößen-Regelung (ISR) oder aber die Übertragung auf Multilevel-Umrichtersysteme, wie in [26] beschrieben.

Direct Torque Control

Der Hauptunterschied zwischen dem DSR- und dem DTC-Verfahren liegt darin, dass bei der DTC die Schaltmustergenerierung gemäß Tab. 2.2 tabellenbasiert erfolgt.

Dazu analysiert eine Funktionseinheit der Regelung den aktuellen Statorflussraumzeiger und detektiert den aktuellen Sektor des Spannungsraumzeigers, in welchem dieser sich gerade befindet. Die Schranken der Sektoren liegen im Bereich $\pm 30°$ zu den Koordinaten a,b und c. Der identifizierte Sektor liefert gemeinsam mit den Schaltwörtern von Fluss- und Drehmomentregler den zu schaltenden Spannungsraumzeiger $\vec{U}_{1\nu}$.

Im Unterschied zur DSR ist der Drehmomentregler der DTC als Dreipunktregler ausgeführt. Ist der Ausgang dieses Reglers Null, so wird das Drehmoment durch das Schalten eines Nullspannungsraumzeigers langsam abgebaut. Bei positivem bzw. negativem Ausschlag des Reglers wird dementsprechend ein schneller Auf- oder Abbau des Drehmoments vorgegeben.

Tabelle 2.2: Schalttabelle zum DTC Regelungsverfahren nach [2]

Schaltwort		Sektor					
Ψ-Regler	M-Regler	I	II	III	IV	V	VI
	1	$\vec{U}_{12}$	$\vec{U}_{13}$	$\vec{U}_{14}$	$\vec{U}_{15}$	$\vec{U}_{16}$	$\vec{U}_{11}$
1	0	$\vec{U}_{17}$	$\vec{U}_{18}$	$\vec{U}_{17}$	$\vec{U}_{18}$	$\vec{U}_{17}$	$\vec{U}_{18}$
	-1	$\vec{U}_{16}$	$\vec{U}_{11}$	$\vec{U}_{12}$	$\vec{U}_{13}$	$\vec{U}_{14}$	$\vec{U}_{15}$
	1	$\vec{U}_{13}$	$\vec{U}_{14}$	$\vec{U}_{15}$	$\vec{U}_{16}$	$\vec{U}_{11}$	$\vec{U}_{12}$
0	0	$\vec{U}_{18}$	$\vec{U}_{17}$	$\vec{U}_{18}$	$\vec{U}_{17}$	$\vec{U}_{18}$	$\vec{U}_{17}$
	-1	$\vec{U}_{15}$	$\vec{U}_{16}$	$\vec{U}_{11}$	$\vec{U}_{12}$	$\vec{U}_{13}$	$\vec{U}_{14}$

Der Flussregler überwacht bei der DTC den Betrag des Flussraumzeigers und regelt diesen entsprechend durch einen einzelnen Schmitttrigger, der den ersten Teil des Schaltwortes generiert, womit der Raumzeiger des Ständerflusses angenähert auf einer Kreisbahn umläuft. Dieser kreisförmige Verlauf des Ständerflussraumzeigers führt dazu, dass die DTC bei gleichen Drehmomentgrenzen tendenziell eine höhere Schaltfrequenz benötigt als die DSR.

Sowohl die DSR- als auch die DTC-Regelung ermöglichen eine hochdynamische Regelung des Luftspaltmoments. Dadurch, dass der Drehmomentregler der DTC durch ein entsprechendes Schaltwort das Drehmoment sowohl dynamisch erhöhen als auch verringern kann, weist sie in diesem Punkt im Vergleich zur DSR-Regelung einen strukturellen Vorteil auf.

Für die DTC wird in [41] von einem Drehmomentsprung mit einer Zeitkonstanten von 1ms berichtet. Eine derart hochdynamische Änderung des Luftspaltmoments gelingt ansonsten nur mit Synchron-Servoantrieben bei sehr viel höherer Schaltfrequenz.

2.2.2 DTC-Betrieb von permanenterregten Synchronmaschinen

Erstmalig wurde in [6] das Betreiben von permanenterregten Synchronmaschinen mit diskreten Spannungszeigern diskutiert und das Verhalten einer solchen Maschine analysiert. Im genannten Artikel wurde festgestellt, dass die Übertragung des DTC-Regelungsverfahrens auf die Synchronmaschine grundsätzlich möglich ist, jedoch im Vergleich zur vektorgeregelten Synchronmaschine zu unerwünschten Drehmomentrippeln führt.

Das ursprünglich von Depenbrock und Takahashi vorgeschlagene Schalten von Nullspannungsraumzeigern zur langsamen Reduzierung des Drehmoments wurde hier nicht angewendet, da es womöglich zu einer Reduzierung der Drehmomentausbeute führen würde. Diese Thematik wurde dann in den darauffolgenden Jahren in einer Vielzahl von Fachartikeln diskutiert.

In [8] wurde gezeigt, dass das Einfügen von Nullspannungsraumzeigern bei geringen

Drehzahlen im Allgemeinen zu einer Reduzierung der Drehmomentrippel führt. Allerdings wurde angemerkt, dass es bei höheren Drehzahl durchaus zu negativen Auswirkungen durch den Einsatz der Nullspannungsraumzeigern kommen kann.

In [12] und [16] wurde in den Folgejahren bestätigt, dass der Einsatz der Nullspannungsraumzeigern sinnvoll ist. Eine analytische Erklärung für die Drehzahlabhängigkeit beim Einsatz der Nullspannungsvektoren wurde 2010 durch [19] erbracht. Hier wurde ein Zustandsgrößenmodell für den Statorfluss im rotororientierten dq-System erstellt und nachgewiesen, dass der Statorfluss beim Zustandsübergang $|\vec{\Psi}_\mu| \to 0$ mit größer werdenden Drehzahlen zum Schwingen neigt und hierdurch den Drehmomentrippel vergrößert sowie die Drehmomentausbeute verringert.

Die Eliminierung der grundsätzlich durch die DTC entstehenden Drehmomentrippel war ebenfalls ein vielfach diskutiertes Thema in der Fachwelt. In [9],[10],[12],[14],[15] und [17] wurden jeweils Verfahren vorgestellt, mit denen die DTC durch eine überlagerte Raumzeigermodulation erweitert wird (sog. SVM-DTC). Hierbei unterscheiden sich die vorgestellten Verfahren bezüglich der Realisierung dieser Raumzeigermodulation. Typischerweise kommen hier zwischen den beiden Hauptspannungsraumzeigern, die aus der Direkten Regelung bekannt sind, mindestens drei weitere vordefinierte Raumzeiger zum Einsatz, durch die der Drehmomentrippel gesenkt werden soll. Dies erhöht natürlich zugleich die Schaltfrequenz.

Grundsätzlich fraglich ist hierbei, ob dieser Aufwand im Verglich zur PWM-basierten Vektorregelung den Einsatz der DTC überhaupt noch rechtfertigt- zumal die Vorteile im Bereich der Schaltfrequenz durch die überlagerte Raumzeigermodulation aufgezehrt werden.

Stabilitätsprobleme beim DTC-Betrieb von PM-Synchronmaschinen wurden in [7] und [11] diskutiert. Bei der dynamischen Variation des Winkels zwischen Statorfluss- und Rotorfluss muss beachtet werden, dass der maximale Polradwinkel der Maschine nicht überschritten wird. Bei der Vektorregelung wird dieser Winkel immer maximal gehalten. Für den Betrieb von PMSM ohne magnetische Unsymmetrie wird der Winkel bei 90° gehalten, bei Maschinen mit einem Reluktanzanteil wie z.B. PMSM mit vergrabenen Magneten (IPM) liegt dieser optimale Winkel betriebspunktabhängig zwischen 90 und 140 Grad ([20] S.866 ff.). Dies zeigt, dass eine IPM-Maschine im DTC-Betrieb eine höhere Robustheit aufweist als eine vergleichbare Maschine mit Oberflächenmagneten.

Der einfache Aufbau der DTC legt zudem nahe, eine sensorlose Drehzahlregelung zu realisieren, zumal durch eine Mittelwertfilterung der Umlauffrequenz des Flussraumzeigers die Drehzahl der Maschine bekannt ist. Hierzu muss jedoch beachtet werden, dass für eine zuverlässige Funktion der DTC immer die initiale Rotorposition benötigt wird. Diese Voraussetzung gibt es beim Betrieb von Asynchronmaschinen mit direkten Regelverfahren nicht und es ist der Grund, weshalb sie gegenüber der Vektorregelung Kostenvorteile aufweisen.

In [7] und [11] werden Verfahren vorgestellt, mit denen die benötigte Kommutierungsfindung für einen sensorlosen Betrieb der DTC ermöglicht wird. Die Identifikation der Rotorlage unter Last für Maschinen ohne Unsymmetrie wird in [11] vorgestellt. Hierbei wird ein regelungstechnischer Beobachter vorgeschlagen, der die ggf. existierende magnetische Unsymmetrie der Maschine im Sättigungsbereich ausnutzt.

Der Rechen- und Entwicklungsaufwand für die Implementierung eines solchen Beobachter wäre jedoch so groß, dass der einfache Aufbau als Vorteil der sensorlosen DTC aufgezehrt werden würde.

2.2.3 Blockkommutierung zur Regelung von Synchronmaschinen

Während der Anfangszeit der Synchronservo-Antriebstechnik wurden permanenterregte Synchronmaschinen häufig mit einer rechteckförmigen Stromeinprägung betrieben [39].

Bei der sogenannten elektronisch kommutierten Synchronmaschine wird in die einzelnen Wicklungen der Maschine durch eine entsprechende Stromregelung ein rechteckförmiger Stromverlauf eingeprägt. Charakteristisch für diese Regelung ist die Tatsache, dass wie beim Thyristor-Brückenstromrichter immer lediglich zwei der drei Stränge bestromt sind. Abbildung 2.8 zeigt den typischen blockförmigen Verlauf der Ströme in Abhängigkeit von der aktuellen Rotorlage. In Abb. 2.9 ist die vereinfachte Regelungsstruktur eines drehzahlgeregelten Antriebs dargestellt.

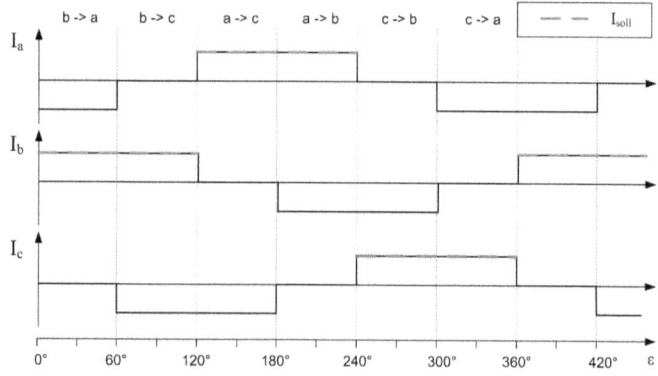

Abbildung 2.8: Stromverlauf bei blockstromkommutiertem Betrieb einer PMSM

Eine Schlüsselrolle erhält hierbei der Funktionsblock *Phasenwahl*. Dieser entscheidet in Abhängigkeit von der aktuellen Rotorlage, welcher Strang bestromt wird. Alle 60° elektrisch findet eine Kommutierung des Stroms auf den nächsten Strang statt.

Um hierbei ein möglichst gute Rechteckform zu erhalten, muss der Stromregler sehr dynamisch reagieren.

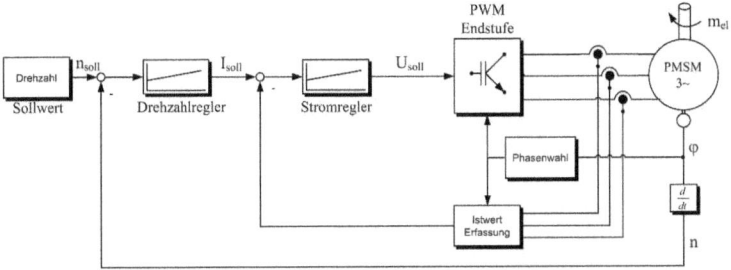

Abbildung 2.9: Regelungsstruktur einer Drehzahlregelung mit rechteckförmiger Stromeinprägung

Die Steilheit der Flanken hängt hierbei stark vom sog. Stromübererregungsfaktor ab, der das Verhältnis von Zwischenkreisspannung und Gegenspannung angibt. Die Gegenspannung besteht hierbei aus der gleichgerichteten induzierten Spannung sowie dem induktiven und ohmschen Spannungsabfall. Die realisierbare Steilheit der Flanken ist somit abhängig von der induzierten Spannung und damit von der elektrischen Drehfrequenz.

Die einfache Regelungsstruktur erlaubt eine Implementierung mit einer analogen Ansteuerung wie in [39] beschrieben. Im Vergleich zu modernen Regelungsverfahren wird weder eine Koordinatentransformation noch die Hinterlegung einer umfangreichen Schalttabelle benötigt.

Abhängig vom Design der zu betreibenden Maschine kann eine blockstromkommutierte Ansteuerung der Maschine durchaus zu einer höheren Drehmomentausbeute führen. Falls der Polbedeckungsfaktor aus kosten- oder konstruktiven Gründen weniger als $140°/180°$ beträgt, erreicht eine blockkommutierte- ein größere Drehmomentausbeute als eine sinusförmige Ansteuerung [20]. Dies führt dazu, dass eine Blockkommutierung immer dann sinnvoll ist, wenn die induzierte Spannung einen trapezförmigen Verlauf hat und damit stark vom der idealen Sinusform abweicht.

Der oben beschriebene Sachverhalt wurde 1996 in [5] aufgegriffen, um eine dort so benannte *Direct Torque Control* zu realisieren. Die dort vorgestellte Regelung hat jedoch nichts mit der bereits vorgestellten DTC zu tun, sondern es handelt sich hierbei um ein Regelungsverfahren, das je nach EMK-Form der Maschine eine entsprechende Stromform einprägt. Für Maschinen mit einer sinusförmigen induzierte Spannung führt das Verfahren zu einem sinusförmigen Stromverlauf, im Falle einer trapezförmigen induzierten Spannung zu einem $120°$-Block-förmigen Stromverlauf. Hierdurch entsteht die Möglichkeit, für jeden

Maschinentyp die maximale Drehmomentausbeute zu erreichen.

Die Spannung wird sowohl bei der Blockkommutierung als auch bei dem in [5] vorgestellten Verfahren durch eine PWM realisiert. Diese Tatsache hebt nochmals den Unterschied zu den direkten Regelungsverfahren hervor, die direkt den geschalteten Spannungszustand beeinflussen.

ed
Kapitel 3

Funktionale Sicherheit in Windkraftanlagen

3.1 CE-Konformität

Windkraftanlagen unterliegen einer Vielzahl gesetzlicher Richtlinien, welche mit Auslieferung der Anlage eingehalten werden müssen. Eine dieser Richtlinien ist die CE-Richtlinie, die vorschreibt, dass in der EU in Verkehr gebrachte Waren durch den Hersteller auf CE-Konformität zu überprüfen sind.

Bei einer WKA handelt es sich dabei um eine Maschine im Sinne der neuen Maschinenrichtlinie 2006/42/EG, womit sie u.a. zur CE-Konformitäts-Erklärung herangezogen werden muss. Die neue Maschinenrichtlinie verpflichtet den Hersteller hierbei zu einer Risikobeurteilung der Maschine. Führt diese zu dem Ergebnis, dass nicht akzeptable Restrisiken vorhanden sind, so ist der Hersteller verpflichtet, diese in erster Linie durch konstruktive Maßnahmen abzustellen. Eine Hilfestellung zur Umsetzung dieser Maßnahmen, die die Erhöhung der funktionalen Sicherheit der WKA verfolgen, liefert die DIN EN ISO 13849, im Folgenden kurz DIN 13849 genannt.

Für elektrische und elektronische Systeme wird funktionale Sicherheit zudem in der DIN EN 61508 beschrieben. Hauptmerkmal der DIN 61508 ist die Beschreibung der Güte der Funktionalen Sicherheit durch die sogenannten *Safety Integrity Level* (SIL). Insbesondere die Bewertung auf Basis der Ausfallwahrscheinlichkeitsrechnung wird in der DIN 61508 detailliert, wodurch sie als Hilfestellung bzw. Erweiterung der DIN 13849 zu verstehen ist.

Der Hersteller der WKA ist für die Konformitätserklärung u.a. auf die zur Verfügung gestellte Dokumentation der Zulieferer angewiesen. Das Pitchsystem gehört neben Turm, Blatt, Generator und Hauptumrichter zu den Schlüsselkomponenten der WKA. Aufgrund des Systemaufbaus sowie des Lieferumfangs erlaubt die Gesetzgebung dem Lieferanten des

Pitchsystems, die CE-Erklärung gemäß Niederspannungsrichtlinie 2006/95/EG und EMV-Richtlinie 2004/108/EG durchzuführen. Damit muss die DIN 13849 rechtlich betrachtet nicht zur CE-Konformitätserklärung herangezogen werden.

Da jedoch das Pitchsystem integraler Bestandteil des Sicherheitssystems der WKA ist, wird der Systemlieferant letztlich durch die Produktspezifikation des Herstellers dazu verpflichtet, das Produkt gemäß Maschinenrichtlinie zu konstruieren und bewerten. Deshalb muss das Pitchsystem ebenfalls einer Risikobewertung im Sinne der DIN EN ISO 12100 unterzogen werden, so dass für die sicherheitsrelevanten Funktionen des Systems ein sogenannter *Performance Level* genannt und garantiert werden muss.

3.1.1 Zertifizierung der WKA

Versicherer von Windenergieanlagen verlangen vom Betreiber in der Regel eine Zertifizierung der Anlage gemäß der gültigen *Richtlinie zur Zertifizierung von Windkraftanlagen* (GL-Richtlinie), so dass der Anlagen-Hersteller die Einhaltung der Richtlinie bereits in der Produktentwicklungsphase berücksichtigen muss.

Im Juli 2010 veröffentlichte der Germanische Lloyd die derzeit aktuelle Fassung der Richtlinie, die sogenannte GL2010 [32]. Diese Richtlinie gilt ebenfalls als Grundlage der Produktnorm für die Entwicklung von Windkraftanlagen IEC 61400.

Die aktuelle GL-Richtlinie nimmt im 2. Kapitel zur Anlagensicherheit an vielen Stellen Bezug auf die DIN 13849, womit deutlich wird, dass die Maschinenrichtlinie und die damit verbundene sicherheitstechnische Bewertung gemäß DIN 13849 die Grundlage bilden für eine GL-Zertifizierung der WKA.

3.2 Sicherheitsgerichtete Ansteuerung von Maschinen

Im folgenden Abschnitt werden mehrfach spezielle Begriffe der Sicherheitstechnik aufgegriffen, welche die DIN 13849-1 verwendet. Diese werden zum besseren Verständnis im Folgenden kurz und kontextgebunden erläutert:

- SF: *Safety Function*, Sicherheitsfunktion;

- PL: *Performance Level*: Es gibt fünf Level (a, b, c, d, e), wobei die sicherheitstechnische Anforderung von a nach e ansteigt;

- PL_r: *Required Performance Level*, benötigter PL: Er ist das Ergebnis der Risikobeurteilung der Sicherheitsfunktion, z.B. durch einen Risiko-Graphen;

- DC: *Diagnostic Coverage*, Diagnosedeckungsgrad: Fähigkeit die Fehler eines Elements aufzudecken bevor die Sicherheitsfunktion aktiviert wird;

- DC_{avg}: *Average Diagnostic Coverage*: durchschnittlicher Diagnosedeckungsgrad: Auf den $MTTF_d$-Wert bezogener mittlerer DC;

- CCF: *Common Cause Failure*: Fehler gemeinsamer Ursache, bei denen sicherheitsrelevante Teile der Ansteuerung zum gleichen Zeitpunkt ausfallen;

- SRP/CS: *Safety Related Part of (a) Control System(s)*: Sicherheitsgerichtetes Subsystem einer Ansteuerung;

    Parameter: PL, PFH, Kategorie, $MTTF_d$ (symmetriert), DC_{avg}, CCF;

- $MTTF_d$: *Mean Time to Dangerous Failure*: mittlere Zeit bis zu einem Gefahr bringenden Ausfall eines Bauteils;

- PFH: *Probability of dangerous Failure per Hour*: Wahrscheinlichkeit eines Gefahr bringenden Ausfalls pro Stunde für ein SRP/CS;

- Kennziffern für verschleißbehaftete mechanische-, pneumatische- und elektromechanische Komponenten zur Berechnung des $MTTF_d$:

    B_{10d}: Anzahl der Schaltzyklen, bei denen 10% gefährlich ausgefallen sind;

    T_{10d}: Mittlere Zeit, bis zu der 10% der Komponenten gefährlich ausgefallen sind;

    n_{op}: Anzahl an Schaltzyklen pro Jahr;

- Cat.: Kategorie; Struktureller innerer Aufbau eines SRP/CS. Die Norm sieht fünf Kategorien vor (a, 1, 2, 3, 4), bei denen die sicherheitstechnischen Anforderungen an die innere Struktur bzw. den Aufbau des SRP/CS von a bis 4 ansteigen;

- Kanal: Logischer Signalpfad als Teil eines SRP/CS und Bestandteil einer Kategorie; Die Norm sieht maximal zwei Funktionskanäle und einen Testkanal vor;

- Block: Funktionseinheit als Teil eines Kanals;

    Parameter: DC_{avg}, $\frac{1}{MTTF_d} = \sum \frac{1}{MTTF_{di}}$;

- Element: Ein Block besteht aus mehreren Elementen;

    Parameter: DC, $MTTF_{di}$.

Der Performance Level einer Sicherheitsfunktion berechnet sich anhand einer numerischen Tabelle. Quantifiziert ist diese Tabelle in der Norm. Qualitativ ist die Tabelle in Abb. 3.1 dargestellt. Das Ergebnis einer sicherheitstechnischen Bewertung gemäß DIN 13849 ist ein

Performance Level in Kombination mit einer Angabe des PFH-Wertes der Sicherheitsfunktion.

Um diese Bewertung durchzuführen, muss die Sicherheitsfunktion zunächst in diverse SRP/CS zerlegt werden. Die Norm schlägt hier die Aufteilung der SF in drei SRP/CS-Subsysteme vor:

- *Input* (I): Subsystem, in dem die Sensorik abgebildet wird. Typisch ist hier das Beispiel eines Notausschalters;

- *Logic* (L): Dieses SRP/CS bildet die logische Verknüpfung der Eingangssignale ab. Beispielhaft ist hier eine sichere SPS, oder aber die Realisierung einer Logikfunktion durch Relais und/oder Steuerschütze;

- *Output* (O): Das Ausgangs-Subsystem sorgt für die Ausführung der Sicherheitsfunktion. Soll beispielsweise die Leistungsversorgung unterbrochen werden, so ist dies z.B. ein Leistungsschütz. Beim Ziel, eine Maschine abzubremsen, wäre diese Funktion durch die Bremse abgebildet.

Häufig verfolgt eine Sicherheitsfunktion in der industriellen Antriebstechnik das Ziel, eine Bewegung anzuhalten. Der anzuhaltende Aktor, z.B. Motor oder Hydraulikzylinder, ist hierdurch von der sicherheitstechnischen Bewertung ausgeschlossen.

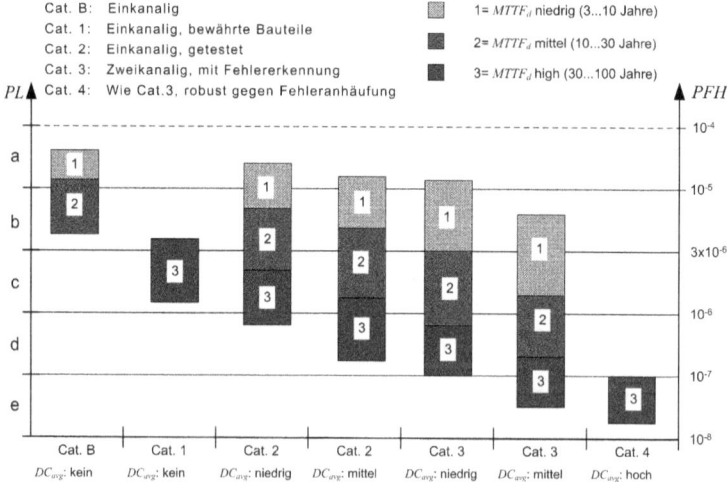

Abbildung 3.1: Berechnung des PL gemäß DIN EN ISO 13849-1

3.3 Kategorien

Von den fünf vorgesehenen Kategorien der DIN 13849 sind für eine Bewertung des Pitchsystems ausschließlich Cat. 2 und 3 relevant. Die inneren Strukturen der Kategorien werden in Abb. 3.2 dargestellt. Eine SF der Cat. 2 verfügt lediglich über eine einkanalige Struktur. Dieser Funktionskanal wird jedoch durch eine Testeinrichtung überwacht. Dies führt zu einem erhöhten Diagnosedeckungsgrad der SF, was wiederum die Cat. 2 von der Cat. 1 unterscheidet.

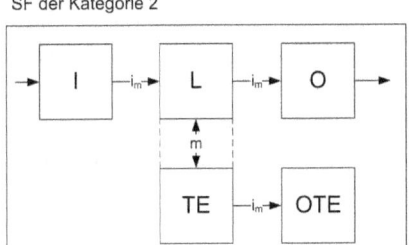

Abbildung 3.2: Für die Bewertung des Pitchsystems relevante Kategorien nach DIN 13849

Ein SRP/CS der Cat. 3 verfügt über zwei Funktionskanäle. Dies führt dazu, dass die SF selbst bei Auftreten eines Fehlers erhalten bleibt. Die SF wird dabei immer ausgeführt sobald ein Fehler auftritt und erkannt wird. Es werden hierbei einige, jedoch nicht alle Fehler erkannt, was zu einem maximalen $DC_{avg} = mittel$ führt. Eine Anhäufung von Fehlern kann zum Verlust der SF führen. Die zuletzt genannten Eigenschaften definieren die Abgrenzung zur Cat. 4.

Der Weg zur finalen Berechnung von PL- und PFH-Wert ist in Abb. 3.3 dargestellt. Der zweite Kanal existiert hierbei lediglich im Falle von Cat. 3- oder Cat. 4-Strukturen. Gemäß Abb. 3.3 führt die Tabelle K.1 der DIN 13849 dann in Kombination mit den berechneten DC_{avg}- und CCF-Werten zu einem PFH- sowie PL-Wert des SRP/CS.

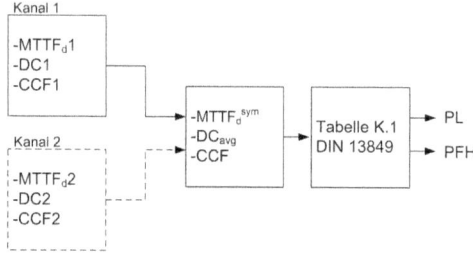

Abbildung 3.3: Signalfluss zur Berechnung von PFH-Wert und PL

Falls die $MTTF_d$-Werte der beiden Kanäle unterschiedlich sind, werden sie zu einem repräsentativen, sogenannten *symmetrierten Wert* umgerechnet, welcher die Struktur in zwei Kanäle mit identischen $MTTF_d^{sym}$-Wert überführt:

$$MTTF_d^{sym} = \frac{2}{3}\left[MTTF_d1 + MTTF_d2 - \frac{1}{\frac{1}{MTTF_d1} + \frac{1}{MTTF_d2}}\right] \quad (3.1)$$

$$\lim_{MTTF_{d2} \to 0} MTTF_d^{sym} = \frac{2}{3}MTTF_{d1} \quad (3.2)$$

Die Symmetrierung hat u.a. die Eigenschaft, dass bei zwei Kanälen mit stark unterschiedlichen $MTTF_d$ Werten der symmetrierte Wert ca. 66% des größeren Wertes annimmt.

Der resultierende PFH ist auch in einem solchen Fall für eine zweikanalige Struktur gemäß Tabelle K.1 der DIN 13849 immer kleiner, als wenn der Kanal mit hohem $MTTF_d$ allein in Form eines Cat. 2-SRP/CS existieren würde.

Ein zweiter Kanal führt somit grundsätzlich zu einer Verringerung der Ausfallwahrscheinlichkeit im Vergleich zu einer einkanaligen Struktur, selbst wenn einer der Kanäle nur über einen sehr geringen $MTTF_d$-Wert verfügt.

3.4 Sicherheitsfunktion 'Nothalt WKA'

Im Folgenden soll nun die wesentlichste, in der GL-Richtlinie explizit aufgeführte Sicherheitsfunktion der WKA, der Nothalt, analysiert werden (vgl. [32],Anhang 2.C).

In Abb. 3.4 wird ein sicherheitsgerichtetes Blockdiagramm zur Sicherheitsfunktion dargestellt. Auf der linken Seite der Abbildung ist eine abstrahierte Darstellung der Sicherheitsfunktion, aufgeteilt in die eingeführte Struktur eines SRP/CS, Sensor, Logik- und Aktor.

Das Subsystem I_{NH} stellt hierbei z.B. das System der Notausschalter dar. Notausschalter müssen gemäß GL-Richtlinie sowohl im Turmfuß als auch in der Gondel gut erreichbar installiert sein und sind Teil der sog. Sicherheitskette.

Das Subsystem L_{NH} stellt die logische Auswertung der Signale dar, die den Nothalt initiieren. Dieses SRP/CS, welches gemäß GL2010 durch eine Safety-Steuerung ausgeführt ist, verarbeitet die Eingangssignale und leitet den Befehl zum Anlagenhalt an die ausführenden Einheiten weiter. Der die Sicherheitsfunktion ausführende Aktor des Anlagenhalts, hier mit O_{NH} bezeichnet, ist der Rotor der WKA, bestehend aus den drei Blättern, den Blattlagern, Zahnkränzen, Pitchgetrieben sowie dem elektromechanischem Pitchsystem.

Die im Sinne der Sicherheitsfunktion Gefahr bringende Bewegung ist in diesem Fall die Drehung der Turbine. Wird diese Situation beispielsweise mit einem stillzusetzendem Motor in der industriellen Antriebstechnik verglichen, so stellen Turbine und Hauptantriebsstrang den Motor, der Rotor bestehend aus Pitchsystem, Pitchgetrieben, Zahnkränzen, Blattlager und Blättern hingegen die Bremse des Antriebs dar (vgl. Abb. 2.3).

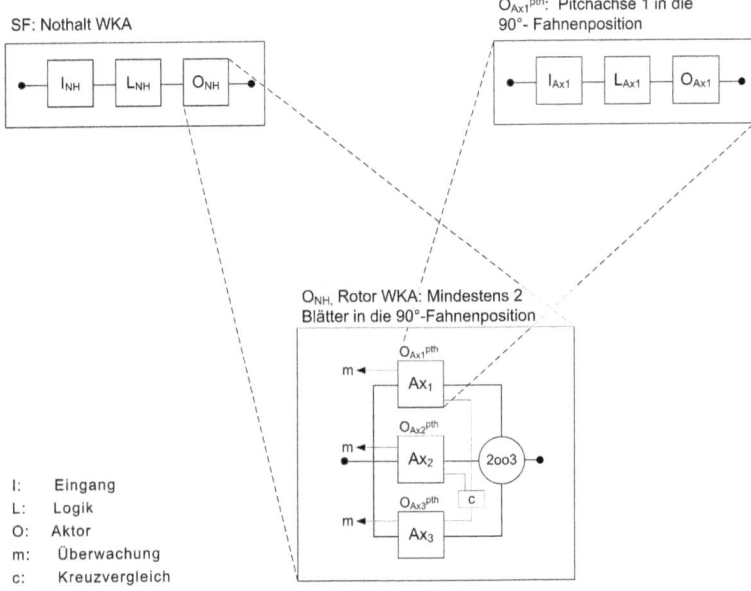

I: Eingang
L: Logik
O: Aktor
m: Überwachung
c: Kreuzvergleich

Abbildung 3.4: Sicherheitsgerichtetes Blockdiagramm zur SF *Nothalt WKA*

Genau hierbei wird der Unterschied zu einer Sicherheitsfunktion aus der industriellen Antriebstechnik deutlich: Während bei typischen, aus der Antriebstechnik bekannten Sicherheitsfunktionen das Stillsetzen der Ansteuerung einen erlaubten und sicheren Betriebszustand darstellt, muss das Pitchsystem immer eine Bewegung der Blätter in die 90°-Fahnenstellung bewerkstelligen.

Für die Bewertung der Ausfallwahrscheinlichkeit muss berücksichtigt werden, dass an der Durchführung der SF 'Nothalt WKA' eine sehr viel größere Anzahl an Elementen beteiligt ist, als z.B. an einer aus der industriellen Antriebstechnik bekannten SF 'Sicherer Halt'.

Für eine SF 'Sicherer Halt kann der SRP/CS zudem so realisiert werden, dass die Komponente im Fehlerfall sicher ausfällt und die Sicherheitsfunktion somit trotz des Fehlers erhalten bleibt. Ein derartiger Fehlerausschluß ist für die SF 'Nothalt WKA' bei einer Umsetzung durch das Pitchsystem nicht erreichbar.

3.4.1 SRP/CS Rotor WKA

Die innere Struktur des ausführenden Aktors O_{NH} wird in Abb. 3.4 ebenfalls dargestellt. Aus Gründen der Übersichtlichkeit wird an dieser Stelle lediglich die wirksame Sicherheitsstruktur beschrieben.

Die dargestellte Architektur stellte keine aus der DIN 13849 bekannte Sicherheitsstruktur dar. Beschrieben ist diese Architektur in der DIN EN ISO 61508-6 und hat den Namen *two out of three*, kurz 2oo3.

Hintergrund dieser Struktur ist ist die Tatsache, dass bereits bei der Auslegung der WKA der Lastfall DLC 2.2 (vgl. 2.1) berücksichtigt werden muss. Er beschreibt den Ausfall einer Pitchachse unter Worst-Case-Bedingungen. Durch die Auslegung der Anlage muss sichergestellt sein, dass die Turbine selbst bei diesem Lastszenario abgebremst wird. Aufgrund dieses vorgesehenen Lastfalls kann der gesamte Rotor als ein redundantes 2oo3 Bremssystem betrachtet werden.

Diese Struktur führt somit bei einem einzelnen Fehler in einer der Achsen nicht zu einem Ausfall der Sicherheitsfunktion. Dies ist das charakteristische Merkmal eines zweikanaligen SRP/CS der Kategorie 3. Wird vorausgesetzt, dass die notwendigen Maßnahmen gegen *Common Cause Failure* sowie zum Erreichen des notwendigen DC_{avg} getroffen wurden, kann der SRP/CS O_{NH} im Sinne der DIN 13849 als Struktur der Cat. 3 interpretiert werden.

Die Berechnung des PFH-Wertes des SRP/CS-O_{NH} muss jedoch gemäß der DIN 61508-6 durchgeführt werden. Nach der Berechnung des Wertes kann wiederum unter Zuhilfenahme der Tabelle K.1 aus der DIN 13849 bzw. der Abb. 3.2 der PL des SRP/CS-O_{NH} bestimmt werden.

Für das Erreichen eines $PL = c$ für den SRP/CS-O_{NH} muss dessen PFH-Wert im linksseitig offenen Intervall $]10^{-6}\ 3 \times 10^{-6}]$ liegen. Zum Erreichen von $PL = d$ muss der Wert im Intervall $]10^{-7}\ 10^{-6}]$ liegen.

Im Anhang 2.C fordert die GL2010 für die gesamte Sicherheitsfunktion 'Nothalt WKA' den *Performance Level* $PL_r = d$. Dies bedeutet, dass die SRP/CS I_{NH}, L_{NH} und O_{NH} jeweils $PL = d$ erfüllen müssen.

3.4.2 SRP/CS Pitchachse

Die innere Struktur des SRP/CS Pitchachse hängt von der jeweiligen Architektur des Pitchsystems ab. Der SRP/CS I_{Ax1} aus Abb. 3.4 bildet die Kommunikation mit der zentralen Steuerung L_{Ax1} sowie die Sensorik zur Erfassung eines autark auszuführenden WKA-Nothalts ab.

Bei diesem SRP/CS handelt es sich in jedem Fall mindestens um ein zweikanaliges Subsystem (Cat. 3), da die signaltechnische Sicherheitskette gemäß Stand der Technik sowohl als Hardware als auch als Buskommunikation implementiert ist. Der SRP/CS L_{Ax1} soll nun die Ansteuerungslogik repräsentieren, die den Pitchaktuator O_{Ax1} ansteuert. O_{Ax1} besteht hierbei aus Pitchmotor, Getriebe, Blattlager und dem Rotorblatt.

Ist die Achse des Pitchsystems mit Gleichstrommotoren ausgestattet, wie in Abb. 2.4 dargestellt, so kann L_{Ax1} in eine Cat. 3-Struktur überführt werden. In diesem Fall werden die beiden Kanäle von L_{Ax1} zum einen durch den Servoregler und zum anderen durch den redundanten, aus elektromechanischen Schützen und Relais bestehenden Pfad beschrieben.

Falls die Pitchsystem-Achse mit permanenterregten Synchronmaschinen ausgestattet ist, so wird das SRP/CS L_{Ax1} zu einer einkanaligen Cat. 2-Struktur.

Der summierte $MTTF_d$-Wert eines Kanals ergibt sich durch die reziproke Addition der $MTTF_d$-Werte aller an der Sicherheitsfunktion beteiligten Komponenten. An dieser Stelle wird der Unterschied zwischen dem Kanal des Servoreglers und dem der elektromechanischen Elemente deutlich.

Bei einem Servoregler handelt es sich um eine komplexe Funktionseinheit, die aus einer Vielzahl von elektronischen Komponenten besteht. An der Durchführung der SF sind nahezu alle Hardware-Komponenten des Servoreglers beteiligt. Erfahrungsgemäß führt dies beim Servoregler zu einem niedrigen bis mittleren kumulierten $MTTF_d$-Wert. Der $MTTF_d$ Wert von elektromechanischen Komponenten wird laut DIN 13849 durch die folgende Gleichung gebildet:

$$MTTF_d = \frac{T_{10d}}{0.1} = \frac{B_{10d}}{0.1 \cdot n_{op}} \qquad (3.3)$$

Das bedeutet, die Anzahl an Schaltzyklen pro Jahr n_{op} geht ganz erheblich in die $MTTF_d$-Berechnung der elektromechanischen Komponenten ein.

Da der elektromechanische Kanal der Pitchachse ausschließlich bei Ausfall des Servoreglers aktiviert wird, ist die Anzahl der Schaltzyklen extrem gering und liegt durchschnittlich weit unter hundert Zyklen pro Jahr. Die GL-Richtlinie schreibt an dieser Stelle einen wöchentlichen Test des Sicherheitssystems vor, woraus mindestens 52 Zyklen pro Jahr resultieren.

Die typischen, in der Norm angegebenen Werte für den B_{10d}-Wert von elektromechanischen Relais- und Schützen liegt je nach Ausführung und Belastung zwischen $4 \cdot 10^5$ und $200 \cdot 10^5$. Werden diese Zahlen in Gl. 3.3 eingesetzt, führt dies auf sehr große $MTTF_d$-Werte für eine elektromechanische Komponente.

Für die finale Berechnung des symmetrierten $MTTF_d$-Wertes gilt jedoch laut DIN 13849, dass bei der Berechnung des kumulierten $MTTF_d$-Wertes eines Kanals dieser auf maximal 100 Jahre zu begrenzen ist.

Aus den oben genannten Ausführungen folgt, dass ein zusätzlicher elektromechanischer, redundanter Kanal im SRP/CS-L_{Ax1} zu einem symmetrierten $MTTF_d^{sym}$-Wert von mindestens 66 Jahren führt und dies selbst dann, wenn der Servoregler sehr kleine $MTTF_d$ Werte aufweist (vgl. Gl. 3.2).

Die zentrale Motivation der Arbeit, dass vorgestellte Ansteuerungsverfahren durch einen elektromechanischen Kommutator zu realisieren, findet hierdurch ihre eindeutige Berechtigung.

Kapitel 4

Betrieb mit rotorgesteuertem Drehspannungssystem

4.1 Funktionsprinzip des Ansteuerungsverfahrens

Zunächst wird das Prinzip des Steuerungsverfahrens anhand einer dreiphasig-symmetrischen, von der Rotorposition abhängigen sinusförmigen Drehspannungsquelle konstanter Amplitude beschrieben.

Ein derart idealer Kommutator, wie er in Abb. 4.1 dargestellt ist, könnte in der Praxis beispielsweise durch einen entsprechend gesteuerten Servoregler realisiert werden, welcher über eine vollgesteuerte PWM-Ausgangsstufe verfügt. Ebenfalls notwendig wäre hier eine Positionserfassung, zum Beispiel in Form eines Resolvers, sowie ein Sinusfilter am Ausgang des Servoreglers.

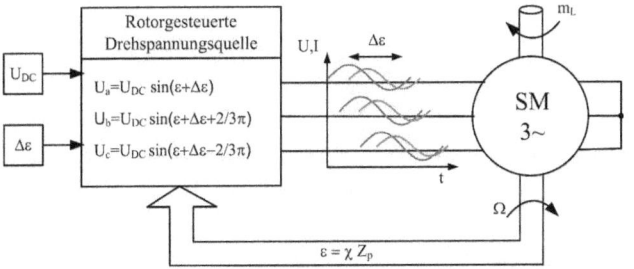

Abbildung 4.1: Funktionsprinzip der Ansteuerung mit einer rotorgesteuerten Drehspannungsquelle

Die Klemmenspannung der hier idealen DC-Quelle sowie der konstant vorgegebene Phasenoffset $\Delta\varepsilon$ stellen die Eingangsgrößen der Drehspannungsquelle dar. Diese verfügt über drei Module, die in der Lage sind, drei sinusförmige Ausgangsspannungen mit einer konstanten Amplitude zu erzeugen.

Die aktuelle Phasenlage der Spannungssignale wird durch die mechanische Rotorposition χ bestimmt. Diese ist über die Polpaarzahl Z_p mit der elektrischen Rotorposition ε verknüpft. Elementar für die Funktionstüchtigkeit einer solchen Anordnung ist die relative Phasendifferenz zwischen Eingangsspannung und induzierter Spannung. Diese ist im Fall von $\Delta\varepsilon = 0$ ebenfalls Null und kann, zumindest theoretisch, im Intervall $\pm\frac{\pi}{2}$ variiert werden.

Im stationären Zustand $\dot\Omega = 0$ sind der Effektivwert sowie die relative Phasenlage des Motorstroms aufgrund des spannungsgesteuerten Betriebs abhängig vom lastseitigen Drehmoment m_L, der Spannung U_{DC} sowie vom Phasenoffset $\Delta\varepsilon$. Der ideale Kommutator ermöglicht hierbei eine beliebige Amplitude und Phasenlage des zeitlich sinusförmigen Stromes.

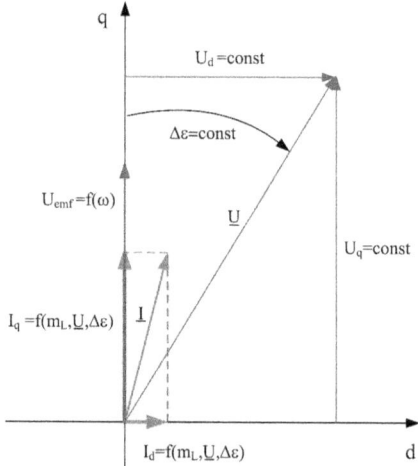

Abbildung 4.2: Vereinfachtes Zeigerdiagramm beim Betrieb mit einer rotorgesteuerten Drehspannungsquelle für ($\Delta\varepsilon > 0$)

Werden die elektrischen Größen in das rotororientierte d/q-Koordinatensystem übertragen, so führt dies im stationären Zustand zu dem in Abb. 4.2 dargestellten Zeigerdiagramm. Darstellungsbedingt sind an dieser Stelle ausschließlich die Polradspannung U_{emf}, sowie der durch den Phasenoffset verschobene Eingangsspannungszeiger $\underline{U}$ dargestellt.

Der Stromzeiger und dessen Abhängigkeit von den Eingangsgrößen werden ebenfalls dargestellt. Die Amplitude und die Phasenlage des Stromzeigers ergeben sich im stationären Zustand durch die vorliegenden Spannungszustände in der Maschine, welche durch Eingangs- und Polradspannung sowie die induktive Rückwirkung $\omega\Psi_q$ und $\omega\Psi_d$ gebildet werden (vgl. Gl. 4.1).

4.2 Stationäres Betriebsverhalten

Im Folgenden soll das Betriebsverhalten einer mit konstantem Spannungszeiger betriebenen Synchronmaschine untersucht werden. Hierbei werden folgende Annahmen getroffen:

- es wird eine permanenterregte Maschine ohne Dämpferwicklung betrachtet;

- der Stator besitzt eine symmetrische dreisträngige Wicklung mit sinusförmig angenommenen Windungsbelag, die in eine äquivalente zweisträngige Wicklung umgerechnet werden kann. Kreuzkopplungseffekte bleiben unberücksichtigt [25]

- für eine auftretende magnetische Unsymmetrie gilt: $L_d < L_q$;

- Sättigungseinflüsse werden nicht explizit, sondern implizit durch eine reduzierte Differenz $(L_d - L_q)$ berücksichtigt;

- Eisenverluste werden vernachlässigt;

- Skineffekte in den Leitern werden lediglich implizit durch den Einfluss des Widerstands R_s berücksichtigt;

- das speisende Drehspannungssystem ist starr, symmetrisch und enthält keine Nullkomponente. Frequenz und Phasenlage werden durch die zurückgeführte Rotorposition und Drehzahl bestimmt. Sowohl die angelegte als auch die induzierte Spannung sind rein sinusförmig.

Aufgrund dieser Annahmen können zur Beschreibung des Maschinenverhaltens die ins rotororientierte d/q-System transformierten Maschinengleichungen nach Park verwendet werden ([20]):

$$u_d = R_s \cdot i_d + \frac{d}{dt}\Psi_d - \omega \cdot \Psi_q \qquad (4.1)$$

$$u_q = R_s \cdot i_q + \frac{d}{dt}\Psi_q + \omega \cdot \Psi_d \qquad (4.2)$$

$$\Psi_d = L_d \cdot i_d + \Psi_{pm} \qquad (4.3)$$

$$\Psi_q = L_q \cdot i_q \qquad (4.4)$$

$$m_{el} = \frac{3}{2} \cdot Z_p \cdot (\Psi_{pm} \cdot i_q + (L_d - L_q) \cdot i_d \cdot i_q) \qquad (4.5)$$

$$m_{el} = J \cdot \frac{d}{dt}\Omega + m_L \qquad (4.6)$$

$$\omega = \omega = Z_p \cdot \dot{\chi} = Z_p \cdot \Omega \qquad (4.7)$$

Die Spannungsgleichungen können in ein elektrisches Differentialgleichungssystem überführt werden, welches zur Simulation des dynamischen Verhaltens genutzt werden kann:

$$\begin{bmatrix} u_d \\ u_q - \omega\Psi_{pm} \end{bmatrix} = \begin{bmatrix} R_s & -L_q\omega \\ L_d\omega & R_s \end{bmatrix} \cdot \begin{bmatrix} i_d \\ i_q \end{bmatrix} + \begin{bmatrix} L_d & 0 \\ 0 & L_q \end{bmatrix} \cdot \frac{d}{dt}\begin{bmatrix} i_d \\ i_q \end{bmatrix} \qquad (4.8)$$

4.2.1 Elektrische Zustandsgrößen im stationären Zustand

Für die Beschreibung des stationären Zustands entfällt die zeitliche Ableitung des Stromes in Gl. 4.8. Das verbleibende Gleichungssystem beschreibt ausschließlich zeitlich konstante Größen. Es lautet wie folgt (in Amplitudenzeiger-Komponenten):

$$\begin{bmatrix} U_d \\ U_q - \omega\Psi_{pm} \end{bmatrix} = \begin{bmatrix} R_s & -L_q\omega \\ L_d\omega & R_s \end{bmatrix} \cdot \begin{bmatrix} I_d \\ I_q \end{bmatrix} \qquad (4.9)$$

Der Verlauf der Stromtrajektorie im d/q-Koordinatensystem als Funktion der Drehfrequenz ω kann nun unter Invertierung der rechts stehenden Matrix berechnet werden.

$$\begin{bmatrix} I_d \\ I_q \end{bmatrix} = \begin{bmatrix} \frac{R_s}{R_s^2 + L_q L_d \omega^2} & \frac{L_q \omega}{R_s^2 + L_q L_d \omega^2} \\ \frac{L_d \omega}{R_s^2 + L_q L_d \omega^2} & \frac{R_s}{R_s^2 + L_q L_d \omega^2} \end{bmatrix} \cdot \begin{bmatrix} U_d \\ U_q - \omega\Psi_{pm} \end{bmatrix} \qquad (4.10)$$

$$[I]_{dq} = [RL]_{dq}^{-1} \cdot [U_\Delta] \qquad (4.11)$$

$$\begin{bmatrix} I_d \\ I_q \end{bmatrix} = \frac{1}{R_s^2 + L_d L_q \omega^2} \begin{bmatrix} R_s U_d - L_q \Psi_{pm}\omega^2 + L_q U_q \omega \\ R_s U_q - R_s \Psi_{pm}\omega - L_d U_d \omega \end{bmatrix} \quad (4.12)$$

Ferner können die Spannungen U_d und U_q als Funktion der anliegenden Gleichspannung U_{DC} sowie der Phasenverschiebung $\Delta\varepsilon$ ausgedrückt werden:

mit:

$$\begin{bmatrix} U_d \\ U_q \end{bmatrix} = \tilde{U}_{DC} \cdot \begin{bmatrix} \sin(\Delta\varepsilon) \\ \cos(\Delta\varepsilon) \end{bmatrix} \quad (4.13)$$

$$\tilde{U}_{DC} = \frac{2}{3} \cdot U_{DC} \quad (4.14)$$

In diesem Zusammenhang wird die ideelle Schwingungsamplitude $\tilde{U}_{DC}$ eingeführt. Die Bedeutung dieser Größe wird in Abschnitt 5.1.1 näher beschrieben wird.

4.2.2 Mechanische Zustandsgrößen im stationären Zustand

Im stationären Zustand gelten die folgenden Bedingungen:

$$\frac{d}{dt}\Omega = \frac{d}{dt}\omega = 0 \quad (4.15)$$
$$m_{el} = m_L = const \quad (4.16)$$

Das bedeutet, dass der Einfluss des Trägheitsmoments aus Gl. 4.6 verschwindet und dass das Luftspaltmoment des Motors m_{el} gleich dem anliegenden Lastmoment m_L ist. Das Luftspaltmoment wird nun zerlegt in ein durch den Permanentfluss hervorgerufenes Drehmoment m_{pm} sowie ein durch den Reluktanzeinfluss erzeugtes Drehmoment m_{rel}.

$$m_{el} = \underbrace{\frac{3}{2}Z_p\Psi_{pm}\cdot I_q}_{m_{pm}} + \underbrace{\frac{3}{2}Z_p(L_d - L_q)I_d \cdot I_q}_{m_{rel}} \quad (4.17)$$
$$m_{el} = m_{pm} + m_{rel} \quad (4.18)$$

Das Einsetzen der berechneten Gleichungen für d-und q-Strom aus Gl. 4.12 in die Gl. 4.5 führt zu folgenden Ausdrücken für die Drehmomentanteile:

$$m_{pm}(\omega) = \frac{3Z_p}{2K}\Psi_{pm}\left[R_s\left(U_q - \Psi_{pm}\omega\right) - L_d\omega U_d\right] \tag{4.19}$$

$$m_{rel}(\omega) = \frac{3Z_p}{2K^2}\Delta L\left[R_s\left(U_q - \Psi_{pm}\omega\right) - L_d\omega U_d\right] \\ \cdot\left[R_s U_d + L_q\omega\left(U_q - \Psi_{pm}\omega\right)\right] \tag{4.20}$$

mit:

$$K = \frac{1}{R_s^2 + L_d L_q \omega^2} \tag{4.21}$$

$$\Delta L = L_d - L_q \tag{4.22}$$

Es ergibt sich das Drehmoment der Maschine als Funktion der Maschinenparameter ($\Psi_{pm}, Rs, Ld, Lq, Z_p$), der anliegenden Eingangsspannung (U_d, U_q), sowie der elektrischen Drehfrequenz ω.

4.3 Analyse der Drehmomentcharakteristik

Da alle Variablen im betrachteten idealen Fall konstant sind, beschreiben Gl. 4.19 und 4.20 das Luftspaltmoment der Maschine als Funktion der elektrischen Drehfrequenz ω. Die Eigenschaften dieser Drehmomentfunktion werden im folgenden näher untersucht.

4.3.1 Permanenterregte Maschine ohne Reluktanz

In einem ersten Schritt wird die resultierende Drehmoment-Drehzahl Charakteristik für den vereinfachten Fall einer permanenterregten Synchronmaschine ohne Reluktanz- und/oder Sättigungseinflüsse betrachtet.

Der qualitative Verlauf der Funktion ist in Abb. 4.3 dargestellt. Charakteristisch für den Verlauf der Funktion sind zwei Extrema, welche im Betrieb Kipppunkte darstellen. Die Position des Minimums wird im Folgenden als ω_1^{pm}, die des Maximums als ω_2^{pm} bezeichnet.

Ein dritter für den Betrieb relevanter Punkt ist die Drehfrequenz, an der das Drehmoment das Vorzeichen wechselt. Er entspricht der Leerlaufdrehzahl und wird mit ω_0^{pm} bezeichnet.

Der vierte charakteristische Punkt der Kennlinie ergibt sich durch das Losbrechmoment bei Drehzahl Null. Es wird im folgenden mit m_0^{pm} bezeichnet. Der stationäre Arbeitsbereich der Maschine ergibt sich somit durch den Verlauf der Funktion zwischen den beiden Extrema.

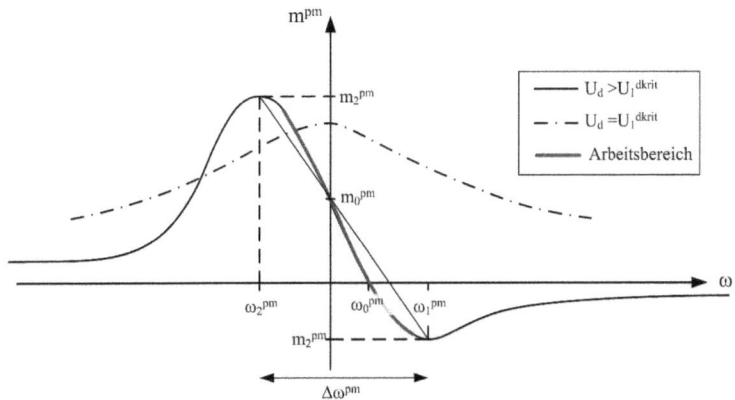

Abbildung 4.3: Charakterisierung der Drehmoment-Drehzahlfunktion ohne Reluktanzeinfluss bei positiver q-Spannung

Analyse der Drehmomentfunktion

Die gebrochen-rationale Funktion $m_{pm} = f(\omega)$ aus Gl. 4.19 ergibt sich wie folgt:

$$m_{pm}(\omega) = \frac{-\omega\left(3Z_p R_s \Psi_{pm}^2 + 3Z_p L_d U_d \Psi_{pm}\right) + 3Z_p R_s U_q \Psi_{pm}}{2\left(R_s^2 + L_d L_q \omega^2\right)} \tag{4.23}$$

Das stationäre Anlaufmoment der Maschine bestimmt sich zu:

$$m_0^{pm} = m_{pm}(\omega = 0) = \frac{3Z_p \Psi_{pm}}{2R_s} U_q := \begin{cases} > 0 & U_q > 0 \\ < 0 & U_q < 0 \end{cases} \tag{4.24}$$

Das Anlaufmoment der Maschine wird somit durch die Maschinenkonstante

$$\frac{3Z_p \Psi_{pm}}{2R_s}$$

skaliert. Es steigt proportional mit der angelegten q-Spannung.

Die Nullstelle der Gl. 4.23 entspricht der idealen Leerlaufdrehzahl. Da der Zähler den Grad Eins hat, ergibt sich eine einfache Nullstelle an der folgenden Position:

$$\omega(m_{pm} = 0) = \omega_0^{pm} = \frac{R_s}{L_d} \frac{U_q}{U_d + \frac{R_s}{L_d}\Psi_{pm}} \tag{4.25}$$

Für den Fall $U_q = 0$ befindet sich die Nullstelle im Ursprung, womit das Anlaufmoment m_0^{pm} ebenfalls zu Null wird. Eine Analyse des Nenners zeigt, dass für den folgenden Fall der Nenner der Funktion zu Null wird:

$$U_d = U_1^{dkrit} = -\frac{R_s \Psi_{pm}}{L_d} \tag{4.26}$$

Anhand dieser Betrachtung gelten die folgende Aussagen über die Position der Nullstellen der Funktion m_{pm}:

$$\omega_{pm}^0 := \begin{cases} -\infty \to 0 & -\infty < U_d < U_1^{dkrit} \\ \text{Existiert nicht} & U_d = U_1^{dkrit} \\ +\infty \to 0 & U_1^{dkrit} < U_d < +\infty \end{cases} \tag{4.27}$$

Die Position der Nullstelle wird somit maßgeblich durch die Maschinenkonstante U_1^{dkrit} bestimmt. In Abb. 4.3 ist der qualitative Verlauf der Funktion $m_{pm}(\omega)$ ebenfalls für den Grenzfall $U_d = U_1^{dkrit}$ dargestellt.

Die Drehzahl-Drehmoment Charakteristik der Maschine geht in diesem Punkt somit in eine ideale Reihenschluss-Charakteristik über. Die Betrachtung aus Gl. 4.27 zeigt jedoch, dass sich die Reihenschluss-Charakteristik der Maschine mit einer negativ anwachsenden d-Spannung immer weiter verstärkt. Dies erfolgt durch die Verschiebung der Nullstelle Richtung $+\infty$.

In der Praxis erreicht die Maschine damit ihre mechanisch bedingte Grenzdrehzahl bei immer größer werdenden Drehmomenten, da das Drehzahlniveau der Maschine mit negativer d-Spannung stark ansteigt. Dieses Verhalten ist konform mit dem allgemein gültigen Verständnis der Feldschwächung von Maschinen. Inbesondere werden hier die Parallelen zur Gleichstrommaschine deutlich.

Da die resultierende Maschinencharakteristik für den Fall $U_d \leq U_1^{dkrit}$ für die betrachtete Anwendung (vgl. 2.1.3) nicht relevant ist, wird dieser Betriebsbereich im folgenden nicht weiter betrachtet. Für den relevanten Betriebsbereich gilt:

$$U_d > U_1^{dkrit} \tag{4.28}$$

Eine Analyse von Gl. 4.25 zeigt zudem, dass bei gegebenen Maschinenparametern die Leerlaufdrehzahl der Maschine durch einen Vorwiderstand beeinflusst werden kann.

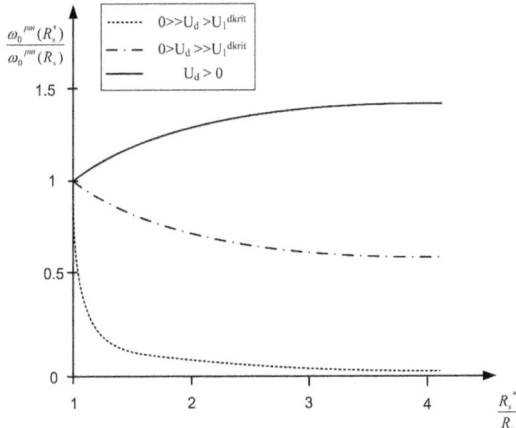

Abbildung 4.4: Qualitativer Einfluss einer Widerstandsvergrößerung ohne Reluktanz

Qualitativ wird die Abhängigkeit der Leerlaufdrehzahl vom resultierenden Widerstandswert in Abb. 4.4 dargestellt. Es ist erkennbar, dass im Falle eines feldverstärkenden Betriebs mit $U_d > 0$ eine Widerstandsvergrößerung zu einer Zunahme der Leerlaufdrehzahl führt. Der Anstieg verläuft jedoch nicht linear, sondern fällt mit zunehmender Widerstandserhöhung ab. Im Gegensatz dazu verringert sich im Feldschwächbetrieb die Leerlaufdrehzahl durch einen erhöhten Widerstand.

In dem Fall, dass die angelegte d-Spannung der Spannung U_1^{dkrit} nahe kommt, nimmt die Leerlauffrequenz ω_{pm}^0 sehr große Werte an. Eine geringfügige Vergrößerung des Widerstandswertes hat in diesem Falle besonders große Auswirkungen auf die Reduzierung der Leerlaufdrehzahl, wie dem unteren Graphen von Abb. 4.4 zu entnehmen ist.

Bestimmung der Kipppunkte

Die Kipppunkte der Drehmomentfunktion berechnen sich durch Bilden der ersten Ableitung von $m_{pm}(\omega)$ nach ω, und eine daraufhin folgende Bestimmung der Nullstellen. Durch die Ableitung entsteht im Zähler ein Polynom zweiten Grades:

$$\frac{d}{d\omega} m_{pm}(\omega) = 0 \rightarrow \begin{cases} \omega_1^{pm} \\ \omega_2^{pm} \end{cases} \qquad (4.29)$$

$$\omega_1^{pm} = \frac{R_s}{L} \frac{U_q + U_\Gamma}{U_d + \frac{R_s}{L}\Psi_{pm}} \qquad (4.30)$$

$$\omega_2^{pm} = \frac{R_s}{L} \frac{U_q - U_\Gamma}{U_d + \frac{R_s}{L}\Psi_{pm}} \qquad (4.31)$$

mit:

$$L = L_d = L_q \qquad (4.32)$$

$$U_\Gamma = \sqrt{2U_q^2 + 2\frac{R_s}{L}\Psi_{pm} U_d + \left(\frac{R_s}{L}\Psi_{pm}\right)^2} \qquad (4.33)$$

Das maximale und minimale Moment der Maschine bestimmt sich durch Einsetzen der Kippkreisfrequenzen in Gl. 4.23:

$$m_1^{pm} = -\frac{3 Z_p \Psi_{pm} (R_s \Psi_{pm} + LU_q)^2 U_\Gamma}{4\left(L^2\left(R_s U_d^2 + R_s U_q^2 + R_s U_\Gamma U_q\right) + L\left(2R_s^2 \Psi_{pm} U_d\right) + R_s^3 \Psi_{pm}^2\right)} \qquad (4.34)$$

$$m_2^{pm} = -\frac{3 Z_p \Psi_{pm} (R_s \Psi_{pm} + LU_q)^2 U_\Gamma}{4\left(L^2\left(R_s U_d^2 + R_s U_q^2 - R_s U_\Gamma U_q\right) + L\left(2R_s^2 \Psi_{pm} U_d\right) + R_s^3 \Psi_{pm}^2\right)} \qquad (4.35)$$

Der theoretisch nutzbare Drehzahlbereich liegt zwischen den beiden Kippkreisfrequenzen und ergibt sich aus:

$$\Delta\omega^{pm} = \omega_1^{pm} - \omega_2^{pm} \qquad (4.36)$$

$$\Delta\omega^{pm} = \frac{R_s}{L}\frac{2U_\Gamma}{U_d + \frac{R_s}{L}\Psi_{pm}} \qquad (4.37)$$

Der Kehrwert der Steigung der Drehmomentfunktion an der Stelle $\omega = 0$ ist ein Maß für den durchschnittlichen Drehzahlabfall im Arbeitsbereich der Maschine:

$$\delta m_0^{pm} = \frac{d}{d\omega}m_{pm}(\omega = 0) \qquad (4.38)$$

$$\delta m_0^{pm} = -\frac{3}{2}Z_p\Psi_{pm}\left(\frac{\Psi_{pm}}{R_s} + \frac{LU_d}{R_s^2}\right) \qquad (4.39)$$

Erwartungsgemäß führt ein großer Widerstandswert zu einer reduzierten negativen Steigung, und damit zu einem erhöhten Drehzahlabfall pro Drehmoment. Ein hoher magnetischer Fluss sowie eine positive d-Spannung führen zu einer größeren Drehzahlsteifigkeit im Arbeitsbereich der Maschine.

Eine negative d-Spannung führt hingegen durch die feldschwächende Wirkung zu einer Abnahme der Drehzahlsteifigkeit.

4.3.2 Permanenterregte Maschine mit Reluktanzmoment

Unter Berücksichtigung des Reluktanzanteils bei der Berechnung des Drehmoments resultiert Gl. 4.17 in eine gebrochen-rationale Funktion, welche im Zähler ein Polynom 3. und im Nenner ein Polynom 4. Grades aufweist:

$$m_{el} = -\frac{\omega^3 a_3 + \omega^2 a_2 + \omega a_1 - a_0}{\omega^4 b_4 + \omega^2 b_2 + b_0} \qquad (4.40)$$

Die Koeffizienten a_ν und b_ν mit $\nu = (0, 1, 2, 3, 4)$ sind abhängig vom angelegten Spannungsvektor $[U_d, U_q]$ sowie von den Motorparametern $(\Psi_{pm}, L_d, L_q, R_s, Z_p)$.

Analyse der Drehmomentfunktion

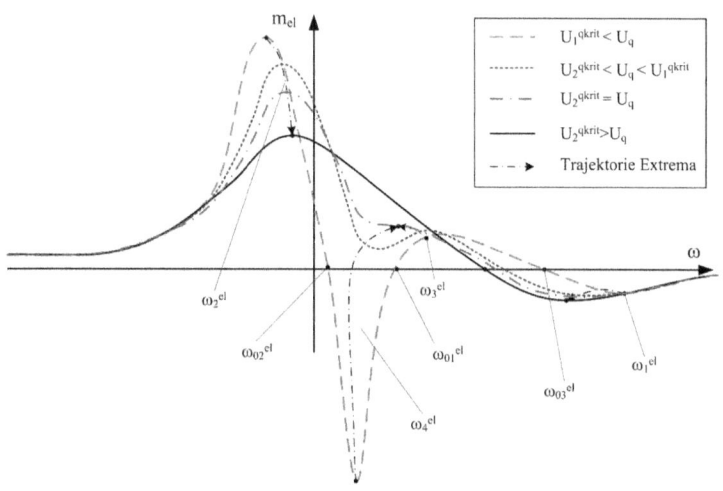

Abbildung 4.5: Qualitativer Einfluss der anliegenden q-Spannung auf die Funktion $m_{el}(\omega)$

Das Anlaufmoment der Maschine ergibt sich durch Einsetzen der Bedingung $\omega = 0$ in Gl. 4.40 zu:

$$m_0^{el} = \underbrace{\frac{3Z_p\Psi_{pm}}{2R_s}U_q}_{m_0^{pm}} + \underbrace{\frac{3Z_p\Delta L}{2R_s}U_d}_{m_0^{rel}} \tag{4.41}$$

Ist die Reluktanz wie bei permanenterregten Maschinen mit vergrabenen Magneten $\Delta L < 0$, so unterstützt der Reluktanzanteil das Drehmoment im Fall $U_d < 0$. Für $\Delta L > 0$ (Schenkelpolcharakteristik) gilt dies umgekehrt für $U_d > 0$.

Die Berechnung der Nullstellen des Zählers führt auf folgende Lösungen:

$$\omega_{01}^{el} = \frac{1}{2L_q\Psi_{pm}}\left(\Lambda - U_q\Delta L\right) \tag{4.42}$$

$$\omega_{02}^{el} = \frac{1}{2L_q\Psi_{pm}}\left(\Lambda + U_q\Delta L\right) \tag{4.43}$$

$$\omega_{03}^{el} = \omega_0^{pm} - \frac{R_s}{L_d}\frac{U_q}{U_d + \frac{R_s}{L_d}\Psi_{pm}} \tag{4.44}$$

mit:

$$\Lambda = \sqrt{L_d^2 U_q^2 - 2L_dL_qU_q^2 - 4U_dL_dR_s\Psi_{pm} + L_q^2U_q^2 + 4U_dL_qR_s\Psi_{pm} - 4R_s^2\Psi_{pm}^2}$$

Ein Vergleich mit Gl. 4.25 zeigt, dass die dritte Nullstelle der vollständigen Drehmomentfunktion $m_{el}(\omega)$ identisch ist mit der Nullstelle der Funktion $m_{pm}(\omega)$. Die Reluktanz der Maschine hat somit keinerlei Einfluss auf die Lage dieser Nullstelle, und insbesondere kann die Betrachtung aus Gl. 4.27 für diese Nullstelle übernommen werden.

Das bedeutet, dass auch bei vorhandenem Reluktanzmoment die bekannte kritische d-Spannung U_1^{dkrit} existiert, an der diese Nullstelle verschwindet und zumindest der permanenterregte Drehmomentanteil m_{pm} eine ideale Reihenschlusscharakteristik bekommt.

Im Gegensatz dazu werden die beiden Nullstellen ω_{01}^{el} und ω_{02}^{el} hauptsächlich durch den Reluktanzanteil der Maschine und die anliegenden Spannungen beeinflusst. Die Symmetrie von Gl. 4.43 und 4.44 lässt bereits vermuten, dass diese Nullstellen eine Kopplung aufweisen, durch die sie unter bestimmten Betriebsbedingungen zu einem konjugiert-komplexen Nullstellenpaar werden.

Für den reellen Verlauf der Funktion m_{el} bedeutet dies, dass die Nullstellen unter bestimmten Bedingungen existieren, um an einem fixen Punkt zusammenzufallen und dann zu verschwinden. Die Lage und Auswirkung des Nullstellenpaares auf den Funktionsgraphen ist in Abb. 4.5 dargestellt. Charakteristisch für die beiden Nullstellen ist die unmittelbare Nähe zu $\omega = 0$. Werden sie reell, führt dies zu einer Entartung des aus 4.3 bekannten Drehmomentgraphen.

Gl. 4.43 und 4.44 zeigen bereits, dass die Position der Nullstellen eine starke Kopplung mit der angelegten q-Spannung aufweist. Durch Gleichsetzen von Gl. 4.43 und 4.44 erhält man einen Wert der q-Spannung, an dem beide Nullstellen ω_{01}^{el} und ω_{02}^{el} zusammenfallen und der Graph die ω-Achse lediglich tangiert.

In genau diesem Punkt werden die Nullstellen zu einem konjugiert-komplexen Wertepaar, und die Nullstellen ω_{01}^{el} und ω_{02}^{el} verschwinden aus dem Graphen m_{el}. Diese kritische q-Spannung berechnet sich folgendermaßen:

$$U_1^{qkrit} := \begin{cases} \dfrac{2\sqrt{R_s \Psi_{pm}(R_s \Psi pm + L_d U_d - L_q U_d)}}{\Delta L} & U_q \Delta L > 0 \\ -\dfrac{2\sqrt{R_s \Psi_{pm}(R_s \Psi pm + L_d U_d - L_q U_d)}}{\Delta L} & U_q \Delta L < 0 \end{cases} \qquad (4.45)$$

Bei konstanten Maschinenparametern ist U_1^{qkrit} eine Funktion der anliegenden d-Spannung. Die d-Spannung, bei der die Funktion U_1^{qkrit} zu einer rein imaginären Funktion wird, lässt sich bestimmen, indem der Term unter der Wurzel zu Null gesetzt, und daraufhin nach U_d auflöst wird. Diese Berechnung führt auf eine zweite kritische d-Spannung:

$$U_2^{dkrit} = -\frac{R_s \Psi_{pm}}{\Delta L} \qquad (4.46)$$

Eine anschauliche Erklärung für die Bedeutung dieses Wertes wird im folgendem Abschnitt beschrieben.

Der mittlere Graph in Abb. 4.5 zeigt, dass das Verschwinden der Nullstelle den entartenden Einfluss der Reluktanz nicht aufhebt. Auch nachdem die Nullstellen für $U_q < U_1^{qkrit}$ zu konjugiert-komplexen Werten geworden sind, existieren noch weiterhin zwei Extrema an den Stellen ω_3^{el} und ω_4^{el}.

Um den aus Abb. 4.3 bekannten charakteristischen Arbeitsbereich wieder herzustellen, müssen auch diese Extrema verschwinden, d.h. die Nullstellen der Ableitung $\frac{d}{d\omega}m_{el}$ müssen ebenfalls zu komplexen Werten werden.

Bestimmung des Spannungsstellbereiches

Durch die Berechnung des Punktes, in dem ω_3^{el} und ω_4^{el} identisch sind, wird die zweite kritische q-Spannung ermittelt.

Liegt genau diese q-Spannung an, so erhält der Graph im Punkt

$$\omega = \omega_3^{el} = \omega_4^{el}$$

einen Sattelpunkt.

Diese Situation ist ebenfalls in Abb. 4.5 dargestellt. Die kritische Spannung ist, wie die bereits in Gl. 4.45 genannte erste kritische q-Spannung, eine Funktion der Motorparameter sowie der angelegten d-Spannung. Die Ableitung der Drehmomentfunktion nach ω hat die folgende Form:

$$\frac{d}{d\omega}m_{el} = \frac{\omega^4(3a_1b_4 - a_3b_2) + \omega^3(4a_0b_4) + \omega^2(a_1b_2 - 3a_3b_0) + \omega(2a_0b_2 - 2a_2b_0) - a_1b_0}{\omega^6(2b_2b_4) + \omega^4(b_2^2 + 2b_0b_4) + \omega^2(2b_0b_2) + b_0^2} \quad (4.47)$$

Die genannten Koeffizienten a_ν, b_ν mit $\nu = (0, 1, 2, 3, 4)$ stimmen mit denen aus Gl. 4.40 überein. Eine allgemeingültige, analytische Bestimmung der Nullstellen des Zählers führt auf unüberschaubare Ausdrücke und stellt aufgrund des Zählergrades eine große Herausforderung dar. Hier bietet sich in der Praxis bei bekannten Parametern eine numerische Bestimmung an.

Um zu einem analytischen Ausdruck für die zweite kritische q-Spannung U_2^{qkrit} zu gelangen, kann der Zählergrad der Drehmomentgleichung durch das Einsetzen der kritischen Spannung aus Gl. 4.26 in die Gl. 4.40 um Eins reduziert wird.

Die Differentiation der entstandenen Gleichung führt dann im Zähler auf ein Polynom dritten Grades, für das wiederum eine analytische Berechnung der Nullstelle möglich ist.

Es folgen somit drei Nullstellen, welche jedoch nur im speziellen Fall:

$$U_d = U_1^{dkrit}$$

existieren. Die beiden für die entartenden Extrema verantwortlichen Nullstellen können somit bei dieser d-Spannung bestimmt und daraufhin gleichgesetzt werden.

Das Ergebnis ist ein analytischer Ausdruck für die kritische q-Spannung U_2^{qkrit} als Funktion der Motorparameter, welche jedoch ausschließlich bei konstanter d-Spannung U_1^{dkrit} gilt. Aus diesem Grund wurde die Abhängigkeit der kritischen q-Spannung von der anliegenden d-Spannung untersucht, indem die kritischen q-Spannungen U_2^{qkrit} für diskrete d-Spannungen numerisch bestimmt wurden.

Der Vergleich dieser Versuchsreihe, mit dem Verlauf der bereits aus Gl. 4.45 bekannten kritischen q-Spannung U_1^{qkrit}, führte zu folgendem Ergebnis: Der qualitative Verlauf beider q-Spannungen ist identisch, sie unterscheiden sich jedoch durch den Skalierungsfaktor

$$\frac{U_2^{qkrit}(U_1^{dkrit})}{U_1^{qkrit}(U_1^{dkrit})}$$

Diese Erkenntnis führt zum folgenden Ausdruck:

$$U_2^{qkrit} = \frac{1+\sqrt{3}}{\sqrt[4]{27}\sqrt{2}} U_1^{qkrit} \qquad (4.48)$$

Die bereits bekannte Fallunterscheidung aus Gl. 4.45 ist identisch und wird durch die implizite Funktion U_1^{qkrit} berücksichtigt.

In Abb. 4.6 wird der allgemeingültige Verlauf der Spannungsfunktionen U_ν^{qkrit} mit $\nu = (1, 2)$ sowie der daraus resultierende Spannungs-Stellbereich dargestellt.

Der für die Praxis relevante Spannungsstellbereich wird linksseitig durch die erste kritische d-Spannung U_1^{dkrit} und rechtsseitige durch den halbierten Wert der zweiten kritischen d-Spannung U_2^{dkrit} abgebildet. Der Grund für die Wahl der linksseitigen Begrenzung wurde bereits mit Gl. 4.28 erläutert. Die Wahl der rechtsseitigen Begrenzung hat folgende Gründe:

1. Wird die d-Spannung größer als $\frac{U_2^{dkrit}}{2}$, so fällt der maximal mögliche Wert der q-Spannung aufgrund des charakteristischen Verlaufes der Funktion stark ab. Untersuchungen zeigen, dass die Maschine in einem solchen Fall quasi keinen motorisch-nutzbaren Drehmoment-Drehzahlbereich aufweist.

2. Der Verlauf der relevanten Funktion U_2^{qkrit} kann durch die Festlegung dieser Grenzen mit guter Näherung linear interpoliert werden. Diese führt zu einer einfachen und konservativen Abschätzung des Spannungsstellbereiches.

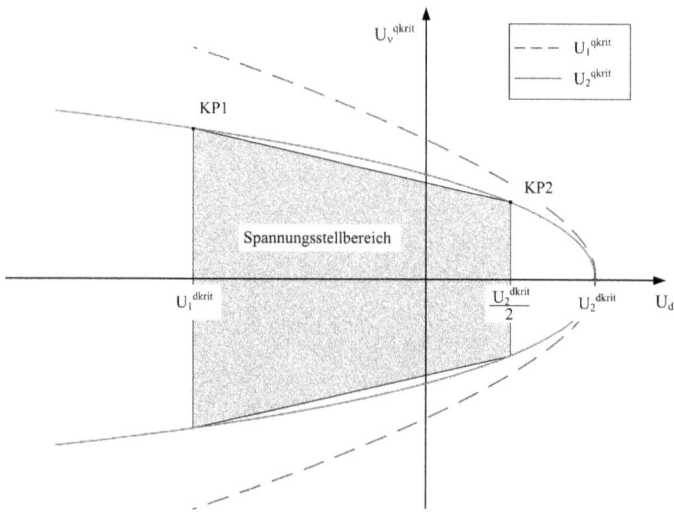

Abbildung 4.6: Linearisierter Spannungsstellbereich als Funktion von kritischer d- und q-Spannung

Die in Abb. 4.6 beschriebenen kritischen Arbeitspunkte KP_ν lassen sich somit wie folgt bestimmen:

$$KP1 = \begin{bmatrix} U_d^{KP1} \\ U_q^{KP1} \end{bmatrix}$$

$$U_d^{KP1} = U_1^{dkrit} = -\frac{R_s \Psi_{pm}}{L_d} \quad (4.49)$$

$$U_q^{KP1} = \frac{(1+\sqrt{3})}{\sqrt[4]{27}} \frac{R_s \Psi_{pm}}{\Delta L} \sqrt{\frac{2L_q}{L_d}} \quad (4.50)$$

$$KP2 = \begin{bmatrix} U_d^{KP2} \\ U_q^{KP2} \end{bmatrix}$$

$$U_d^{KP2} = \frac{U_2^{dkrit}}{2} = -\frac{R_s \Psi_{pm}}{2\Delta L} \quad (4.51)$$

$$U_q^{KP2} = \frac{(1+\sqrt{3})}{\sqrt[4]{27}} \frac{R_s \Psi_{pm}}{\Delta L} \quad (4.52)$$

Zwischen den beiden kritischen q-Spannungen gilt die Relation:

$$\left|U_1^{qkrit}\right| > \left|U_2^{qkrit}\right|$$

In Abb. 4.7 wird der qualitative Einfluss der Motorparameter auf die Amplitude der kritischen q-Spannung dargestellt.

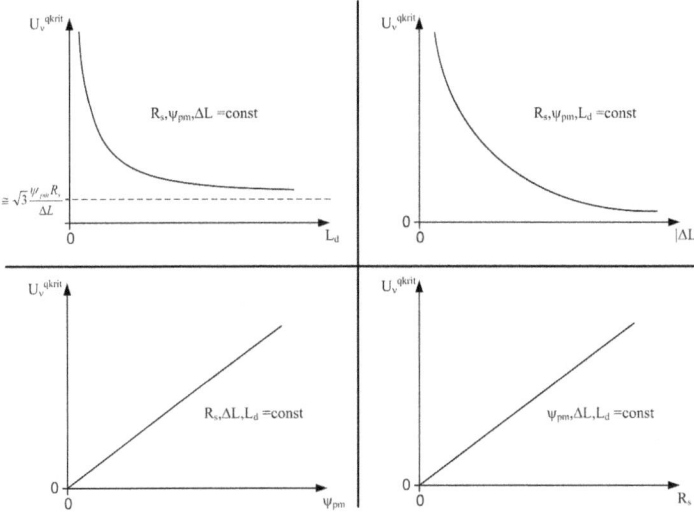

Abbildung 4.7: Qualitativer Einfluss der Parameter auf die kritische q-Spannung

Strebt die magnetische Unsymmetrie ΔL gegen Null, so strebt die kritische q-Spannung gegen Unendlich. Dies ist konform mit der Tatsache, dass eine Einschränkung des Arbeitsbereiches für das synchrone Moment m_{pm} nicht existiert. Den beiden unteren Graphen der Abb. 4.7 ist zu entnehmen, dass die kritische q-Spannung proportional mit dem Produkt $\Psi_{pm} R_s$ ansteigt.

Zwar ist der Parameter Ψ_{pm} in der Praxis nur sehr eingeschränkt modifizierbar, jedoch kann die kritische q-Spannung durch das Einfügen eines externen Vorwiderstands erhöht werden. Eine Verdopplung des Vorwiderstands führt somit zu einer Verdopplung der kritischen q-Spannung.

Für den Parameter L_d resultiert ein charakteristischer $\frac{1}{x}$-Verlauf. Für $L_d \to \infty$ strebt die resultierende q-Spannung jedoch näherungsweise gegen den Wert:

$$\lim_{L_d \to \infty} U_2^{qkrit} \approx \sqrt{3} \frac{\Psi_{pm} R_s}{\Delta L} \qquad (4.53)$$

4.4 Quantitative Analyse des Maschinenverhaltens

Im folgenden Abschnitt werden die bisherigen analytischen Betrachtungen auf den im Rahmen der Arbeit betrachteten Prüfling angewendet. Die Parameter der Maschine sind hierzu im Anhang A.1 aufgeführt.

Bei der Maschine handelt es sich um eine permanenterregte Synchronmaschine mit vergrabenen Magneten, welche durch spezielle konstruktive Maßnahmen eine besonders sinusförmige induzierte Spannung aufweist. Im Nennbereich der Maschine treffen die Annahmen aus Kapitel 4.2 damit in guter Näherung zu. Im Überlastbereich kommt es hingegen zu magnetischen Sättigungseffekten. Kreuzkopplungseffekte wie in [25] beschrieben treten im Sättigungsbereich der Maschine jedoch nicht auf.

In den ganzseitigen Abbildungen der folgenden Seiten wird das Maschinenverhalten im bestimmten Betriebspunkten, kurz BP, analysiert.

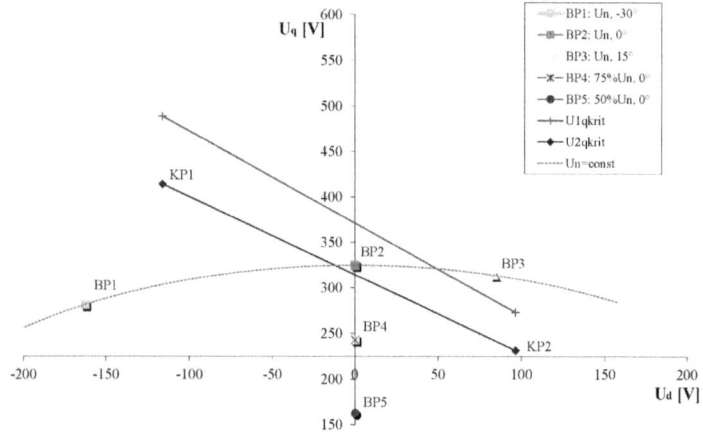

Abbildung 4.8: Arbeitsbereich und analysierte Arbeitspunkte der Testmaschine A.1

In Abb. 4.8 ist hierzu eine Übersicht dargestellt, mit welchen d- und q-Spannungen die Maschine in den jeweiligen Betriebspunkten angesteuert wird. Ebenfalls eingezeichnet sind die berechneten kritischen q- und d-Spannungen, sowie deren linearisierter Funktionsverlauf.

Im Folgenden werden nun die dargestellten Abbildungen erläutert. Die Abbildungen bestehen aus einer grafischen 3x2-Matrix. Um auf bestimmte Diagramme der Abbildung Bezug nehmen zu können, wird zur Referenzierung der jeweilige Zeilen- und Spaltenindex der Diagramme-Matrix verwendet. Ist zum Beispiel die 2. Abbildung der 3. Zeile gemeint, so ist dies das Diagramm $(3, 2)$.

4.4.1 Drehmoment, Drehzahl- und Stromcharakteristik

Die Abbildung 4.10 stellt den Einfluss der angelegten Spannung in allen fünf Betriebspunkten dar. In der linken Spalte der grafischen Matrix ist der Phasenoffset $\Delta\varepsilon$ konstant und die Länge des Spannungszeigers wird variiert.

In der rechten Spalte findet eine Variation des Phasenoffset statt, wobei die Länge des Spannungszeigers der Nennspannung entspricht. Die erste Zeile der grafischen Matrix zeigt die Trajektorien von d- und q-Komponente des Statorstroms bei einer Variation der Last. Die 6-Uhr-Position der Trajektorie entspricht hierbei grundsätzlich der minimalen Last. Das Ende der Trajektorie entspricht der maximal anliegenden Last, und liegt je nach Ansteuerung zwischen 9 und 10.30 Uhr. Wird das Lastmoment erhöht, verläuft die Trajektorie entgegen dem Uhrzeigersinn in mathematisch positiver Richtung.

Die Grafiken zeigen, dass die Erhöhung der Spannung bei konstantem Phasenoffset den Radius der Stromellipsen skaliert. Durch die Variation des Phasenoffsets wird die gesamte Trajektorie entlang der d-Achse verschoben.

Im Diagramm $(2, 1)$ wird nochmals deutlich, dass die Höhe der anliegenden Spannung die Höhe des Kippmoments proportional beeinflusst. Im nebenstehenden Diagramm $(2, 2)$ wird klar, dass der Winkel $\Delta\varepsilon$ nur einen sehr geringen Einfluss auf die Höhe des Kippmoments hat.

Die Drehmoment-Drehzahl-Kennlinien zeigen nochmals das typischen Reihenschlussverhalten der Maschine. Dies bedeutet ebenfalls, dass die Maschine für kleine Drehmomente sehr große Drehzahlen erreicht. Diagramm $(2, 2)$ zeigt aber auch, dass durch eine feldverstärkende Ansteuerung mit $(\Delta\varepsilon > 0)$ die Maschine einen generatorischen Betriebsbereich erhält.

Erkennbar ist hier ebenfalls, dass die Drehmoment-Drehzahl-Kennlinie im BP3 den prognostizierten Sattelpunkt erhält. Ein Blick auf Abb. 4.8 zeigt, dass der BP3 genau auf dem Graphen der Funktion U_2^{qkrit} liegt.

Der Strombedarf der Maschine als Funktion des anliegenden Lastmoments geht aus den Diagrammen $(3, 1)$ und $(3, 2)$ hervor. Hier wird erkennbar, dass der Strombedarf der Maschine sehr stark vom angelegten Spannungsvektor (U_d, U_q) abhängt. Wie erwartet benötigt die Maschine bei einer voreingestellten Feldschwächung den geringsten Strom pro Drehmoment.

Dies ist auf die Reluktanzeigenschaft zurückzuführen, durch die der sogenannte stromoptimale Betriebspunkt generell einen negativen d-Strom erfordert (vgl. [20]).

4.4.2 Leistungsaufnahme der Maschine

In der Abb. 4.11 wird der Einfluss der anliegenden Spannung auf die Leistungscharakteristik untersucht. Die verschiedenen Arten der Leistung sind dazu als Funktion des Drehmoments abgebildet.
Die dargestellten Leistungen wurden wie folgt ermittelt:

$$P_{el} = \frac{3}{2}(U_d I_d + U_q I_q) \tag{4.54}$$

$$Q_{el} = \frac{3}{2}(U_q I_d - U_d I_q) \tag{4.55}$$

$$P_m = m_{el}\Omega \tag{4.56}$$

Der Einfluss der Ansteuerung auf die Leistungsausbeute und damit den Wirkungsgrad der Maschine wird besonders im Diagramm $(3,2)$ deutlich. Zur Abgabe der Nennleistung ist die Maschine nur dann in der Lage, wenn sie mit einer voreingestellten Feldschwächung angesteuert wird.

Es zeigt sich ebenfalls, dass zwar das Kippmoment nahezu unabhängig ist vom eingestellten Winkel $\Delta\varepsilon$, jedoch dieses Spitzenmoment für die Fälle $\Delta\varepsilon = 0°$ sowie $\Delta\varepsilon = 15°$ erst bei negativen Drehzahlen erreicht wird und die Maschine dann als Bremse wirkt (vgl. Abb.4.10 $(2,2)$).

Aufgrund der Maschinengröße führt die erhöhte Blindleistung bei einer Ansteuerung mit $\Delta\varepsilon = 0°$ oder $\Delta\varepsilon = 15°$ ebenfalls zu einem starken Anstieg der elektrischen Wirkleistung. Zurückzuführen ist dies auf den großen Widerstand der Statorwicklung mit $R_s = 23\Omega$, der in der Wicklung hohe ohmsche Verluste erzeugt und damit den Wirkungsgrad der Maschine stark reduziert.

Typisch ist der in den Diagrammen $(3,1)$ und $(3,2)$ erkennbare Konstantleistungsbereich, der durch die Reihenschlusscharakteristik der Maschine hervorgerufen wird. Die Ausprägung dieses Leistungsbereiches in Abhängigkeit vom Drehmoment ist jedoch stark abhängig vom angelegten Spannungszeiger.

Es zeigt sich zudem, dass die Maschine mit zunehmender Belastung induktiv wirkt, um dann nach Erreichen eines Maximums wieder abzufallen. Dies bedeutet, das die Maschine abhängig von der Höhe der Belastung induktiv oder kapazitiv wirkt. Der $\cos\varphi$ der Maschine ist somit auch hier eine Funktion der Last.

Dies zeigt Parallelen zu einer am Netz betriebenen Asynchronmaschine, da auch bei ihr die Blindleistungsaufnahme vom Betriebspunkt der Maschine abhängt.

4.4.3 Einfluss des Wicklungswiderstands

Die dargestellte Abb. 4.12 greift ein Thema auf, dass bereits in Abb. 4.7 diskutiert wurde. Es soll gezeigt werden, dass das Maschinenverhalten durch die Integration eines Vorwiderstands gezielt beeinflusst werden kann. Insbesondere kann dies dazu genutzt werden, den Spannungsstellbereich durch eine Erhöhung des Produkts $\Psi_E R_s$ zu vergrößern.

In Abb. 4.12 werden nun die Auswirkungen einer Widerstandserhöhung auf das Maschinenverhalten quantitativ dargestellt. Wie bereits festgestellt wurde, ist man lediglich im betrachteten Betriebspunkt BP1 in der Lage, die Maschine im Nennpunkt zu betreiben. Deshalb wurde dieser Betriebspunkt für eine Analyse der Auswirkungen einer Widerstandsvergrößerung ausgewählt.

Es zeigt sich, dass die Widerstandserhöhung das Kippmoment wie erwartet stark reduziert. Positiv ist jedoch, dass die stabilisierende Schaltungsmaßnahme zu einer Verringerung des Strombedarfs der Maschine führt. Diese Eigenschaft zeigt das Diagramm $(3, 1)$. Die Kennlinie der mechanischen Leistung $(3, 2)$ zeigt, dass die Widerstandserhöhung zu einer Reduzierung der Spitzenleistung führt. Diese steht im Zusammenhang mit der Reduzierung des Kippmoments, sowie der Absenkung der Drehzahl-Drehmoment-Kennlinie. Erkennbar ist dieser Zusammenhang im Diagramm $(1, 1)$.

Die Absenkung der Drehzahl-Kennlinie hat jedoch den positiven Effekt, dass die starke Drehzahlerhöhung der Maschine bei geringen Drehmomenten abgeschwächt wird. Die Widerstandserhöhung führt somit auch hier zu einer Reduzierung der Leerlaufdrehzahl (vgl. Abb. 4.4)

4.4.4 Einfluss der Reluktanz

Der Aufbau der Abbildung 4.13 weicht von den bisher betrachten Abbildungen ab. In der linken Spalte der grafischen Matrix $(\nu, 1)$ mit $\nu = (1, 2, 3)$ wird jeweils die Drehmoment-Charakteristik in den Betriebspunkten BP1, BP2 und BP3 dargestellt. Die rechte Spalte zeigt die Stromaufnahme in diesen Betriebspunkten. Die Induktivität L_q nimmt in den dargestellten Funktionsscharen drei verschiedene Werte an.

Im rot-gestrichelten Graph verfügt die Maschine über die nominale Induktivität. In den grün-gepunkteten wird die Reluktanz zu Null und in den blauen Graphen sinkt der Wert der Induktivität L_q unter den Wert von L_d. Dies entspricht beispielsweise den Verhältnissen einer Schenkelpolmaschine.

In allen betrachteten Betriebspunkten führt eine Reduzierung der ursprünglichen Reluktanz zu einer erheblichen Reduzierung des Kippmoments. Gleichzeitig erhöht sich jedoch die abgegebene Leistung der Maschine.

4.4.5 Dynamisches Verhalten

Für die Erstellung der Abb. 4.14 wurde das Zustandsgrößenmodell aus Gl. 4.8 unter Matlab-Simulink simuliert.

Auch wenn der hier betrachtete idealisierte Modellansatz keine quantitative Aussage über das dynamische Verhalten einer mechanisch kommutierten Maschine zulässt, so können durch eine dynamische Analyse des Systems dennoch qualitative Rückschlüsse erzielt werden.

In Abb. 4.14 werden die Ergebnisse der dynamischen Simulation der Maschine mit den berechneten stationären Kennlinien in den Betriebspunkten BP1 und BP3 verglichen.

Die Diagramme der linken Spalte gehören dem Betriebspunkt BP1 an, womit der Spannungsvektor die Länge der Nennspannung und einen Phasenoffset von $\Delta\varepsilon = -30°$ hat. Die rechte Spalte der Diagramm-Matrix gehört zum Betriebspunkt BP3 und betrachtet damit das Maschinenverhalten an bei einem Phasenoffset von $\Delta\varepsilon = 15°$.

Wie in Abb. 4.9 gezeigt erfolgt zum Zeitpunkt $t = 0$ bei Stillstand der Maschine sowohl ein Sprung der DC-Spannung als auch des Lastmoments auf den jeweiligen nominalen Wert. Bei der hier betrachteten Maschine entspricht dies $U_{DC} = 487$V und $m_L = 4$Nm.

Der dynamische Verlauf der Stromtrajektorien in den betrachteten Betriebspunkten un-

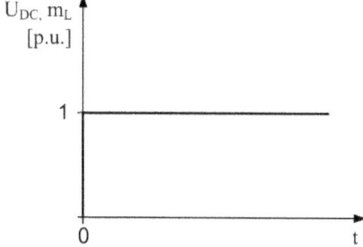

Abbildung 4.9: Simulierte Sprungfunktion des Lastmoments und der Eingangsspannung zum Zeitpunkt t=0

terscheidet sich zumindest zum Startzeitpunkt grundlegend. Kurz nach dem Sprung von Spannung und Last beschreiben die Maschinengrößen eine Trajektorie, die den voreingestellten Winkel $\Delta\varepsilon$ wiedererkennen lässt.

Im weiteren Verlauf wird sich zeigen, dass genau ein solcher Sprung des Spannungszeigers typisch ist für das Verhalten der entwickelten mechanisch-direkt angesteuerten Maschine.

Erwartungsgemäß führt die Stromtrajektorie bei einer Einstellung von $\Delta\varepsilon = -30°$ zu einem mehr als doppelt so großen Anlaufmoment wie im Fall $\Delta\varepsilon = 15°$, da die Trajektorie des Diagramms $(1, 1)$ kurz nach dem Start qualitativ dem Verlauf der Trajektorie des maximalen Drehmoments der IPM-Maschine entspricht (vgl. [20] S.866 ff.).

Der dynamische Verlauf von Drehmoment und Drehzahl in den unteren beiden Diagrammen ist durchaus vergleichbar mit dem von Gleichstrommaschinen (vgl. [21]). Auffällig ist jedoch, dass die Zeitkonstante des Beschleunigungsvorgangs vom Winkel $\Delta\varepsilon$ des anliegenden Spannungszeigers abhängt. Die Zeitkonstante der Drehzahl im Diagramm $(3, 1)$ beträgt ca. 60 ms, die der Drehzahl in Diagramm $(3, 2)$ liegt jedoch bei ca. 20 ms.

Das heißt, bei einer vereinfachten Beschreibung der Maschine durch ein PT1-Glied muss die beschreibende Zeitkonstante an den jeweiligen Spannungszeiger angepasst werden.

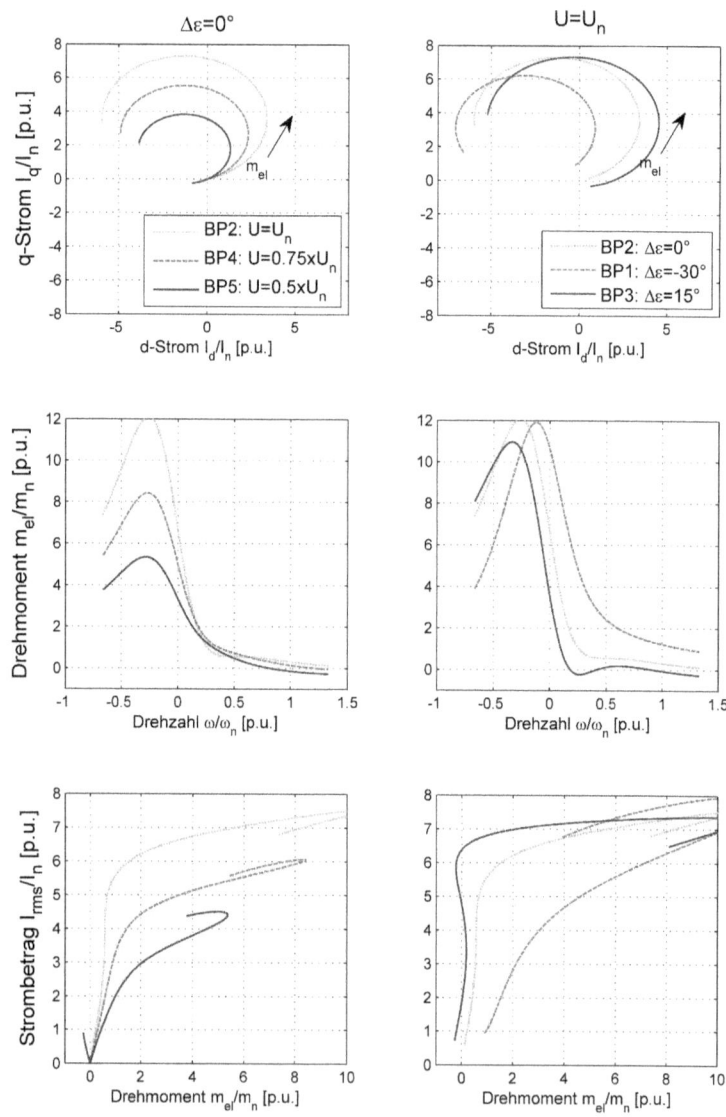

Abbildung 4.10: Einfluss der Eingangsspannung auf Drehmoment-, Drehzahl- und Stromcharakteristik; Maschinendaten siehe Anhang A.1

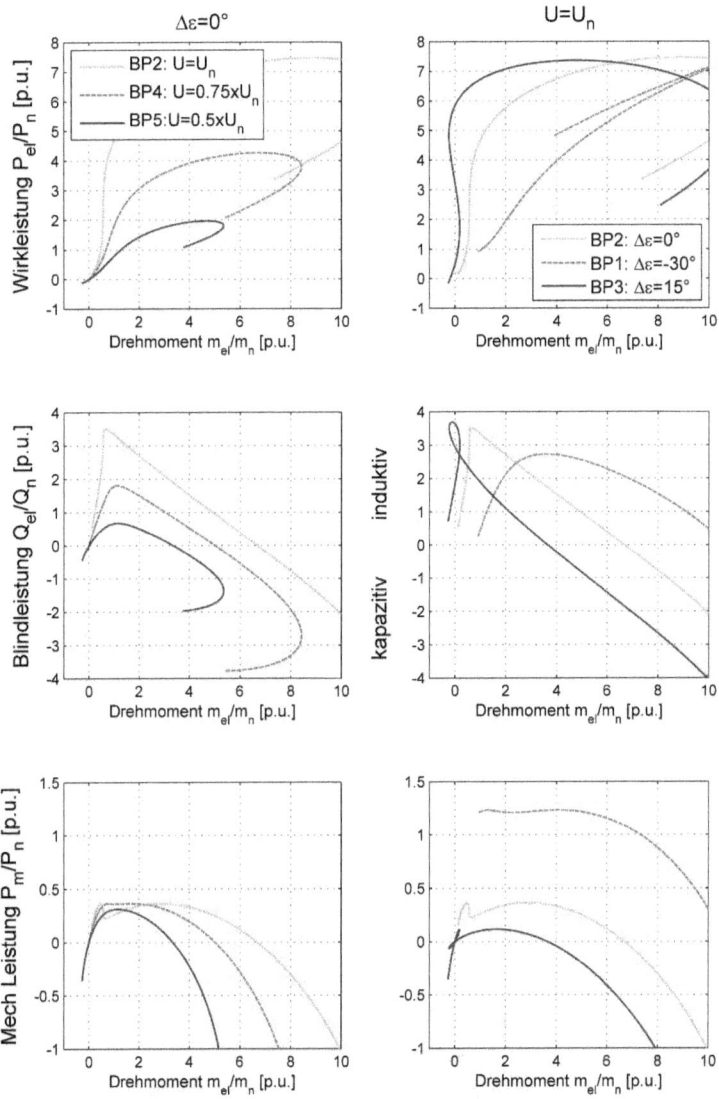

Abbildung 4.11: Einfluss der Eingangsspannung auf die Leistungsaufnahme

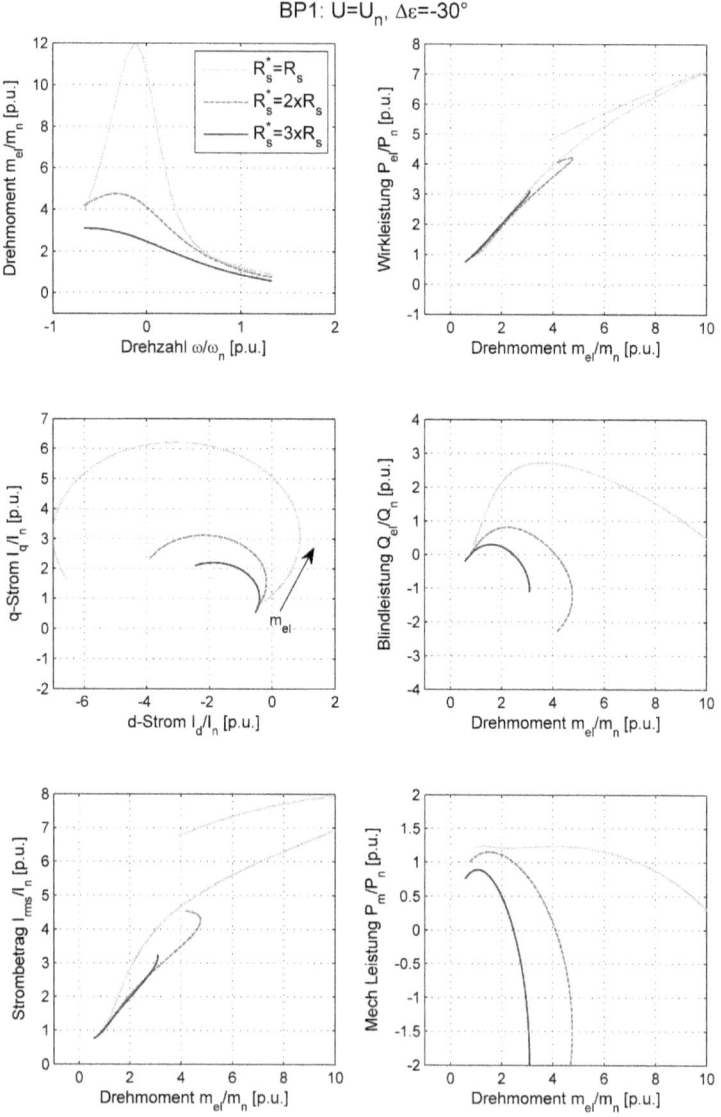

Abbildung 4.12: Einfluss einer Widerstandsänderung auf das Maschinenverhalten

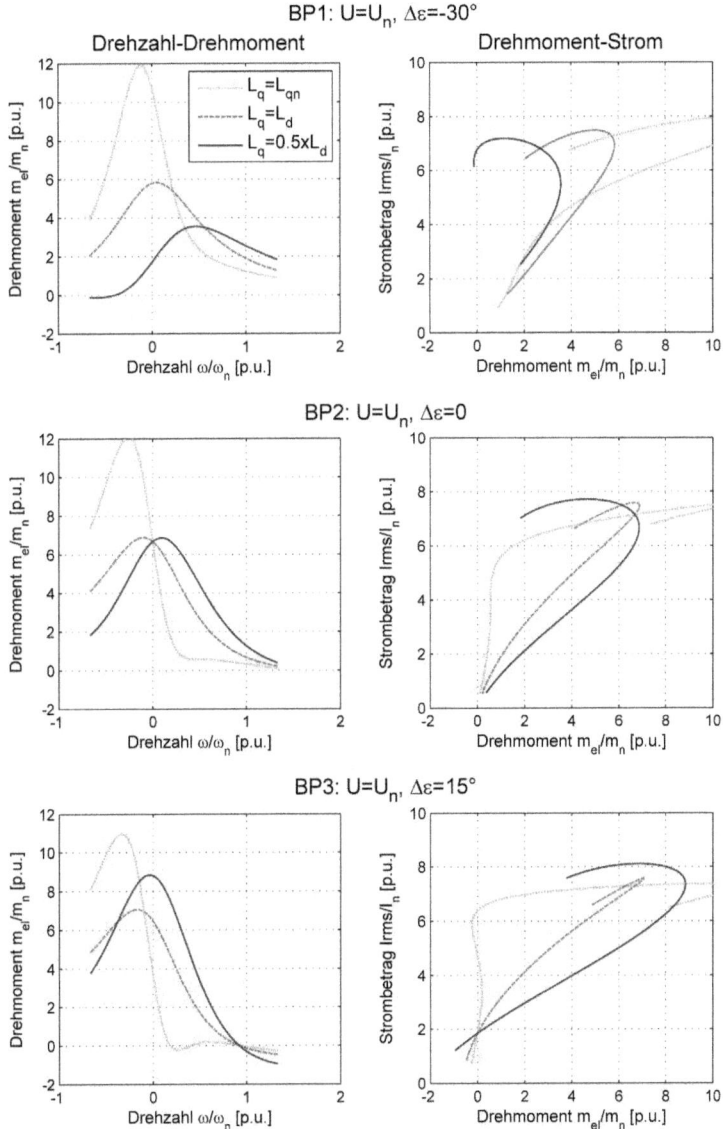

Abbildung 4.13: Einfluss der Reluktanz auf Drehmoment-, Drehzahl- und Stromcharakteristik

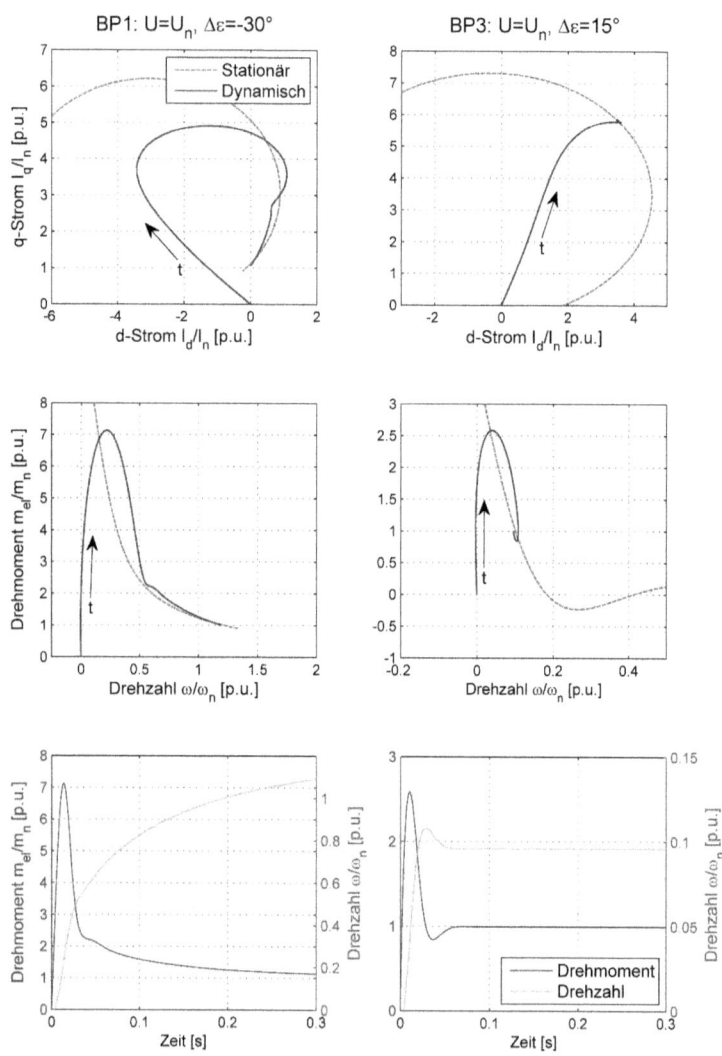

Abbildung 4.14: Dynamisches Verhalten der Maschine bei einem Sprung der Eingangsspannung

Kapitel 5

Mechanische Selbstkommutierung von Synchronmaschinen

Das im vorhergehenden Kapitel beschriebene Verfahren basierte auf der Annahme, dass die Spannungsquelle einen ideal sinusförmigen Spannungsverlauf und zudem einen sinusförmigen Stromfluss beliebiger Phasenlage und Amplitude zur Verfügung stellt. Eine derartige Funktionalität ist durch eine einfach und robust gehaltene mechanische Kommutierungseinrichtung nicht zu erreichen.

In diesem Kapitel wird eine Kommutator vorgestellt, der das im vorhergehenden Kapitel vorgestellte Steuerungsverfahren mit diskreten Spannungszuständen mechanisch umsetzt.

5.1 Diskrete Approximation der Strangspannungen

Im folgenden Abschnitt werden die möglichen Spannungszustände identifiziert, die nach einer Ordnung der Schaltreihenfolge ein Drehspannungssystem mit diskreten Werten erzeugen. Ziel ist es, die sinusförmige Spannung durch die diskreten Treppenfunktionen der Gl. 5.1 bis Gl. 5.3 zu beschreiben.

Um eine größtmögliche Annäherung an die ursprüngliche Sinusfunktion zu erhalten und den Oberschwingungsgehalt zu minimieren, sollte $\Delta\xi$ möglichst klein sein.

Der gewählte Ansatz zu Herleitung der theoretisch möglichen Schaltsequenzen weicht von dem aus der Literatur ab. Die formelle Herleitung der sechs bekannten möglichen Spannungszustände eines Zweipunktwechselrichters über die Raumzeiger-Theorie wird beispielsweise in [20] beschrieben.

$$U_a = \tilde{U}_{DC} \sin(n \cdot \Delta\xi) \tag{5.1}$$

$$U_b = \tilde{U}_{DC} \sin(n \cdot \Delta\xi - \frac{2\pi}{3}) \tag{5.2}$$

$$U_b = \tilde{U}_{DC} \sin(n \cdot \Delta\xi + \frac{2\pi}{3}) \tag{5.3}$$

mit:

$$\tilde{U}_{DC} = \frac{2}{3} U_{DC} \tag{5.4}$$

$$n = 1...\frac{2\pi}{\Delta\xi} \quad n \in \mathbb{N}, \quad \Delta\xi \in \mathbb{R} \tag{5.5}$$

Die in dieser Arbeit entwickelte Schaltsequenz weist jedoch zwölf spannungsbildende Zustände auf, wobei die sechs zusätzlich identifizierten Spannungszustände die mechanische Kommutierung überhaupt erst ermöglichen.

Die gezeigte Herleitung dieser Schaltsequenz dokumentiert hierbei den Gedankengang, aus dem diese Schaltsequenz entwickelt wurde.

5.1.1 Bestimmung der diskreten Spannungszustände

Die drei Wicklungen der Maschine sollen nun durch das in Abb. 5.1 dargestellte sterngeschaltete Widerstandsnetzwerk repräsentiert werden. Das Widerstandsnetzwerk entspricht hierbei dem elektrischen Ersatzschaltbild einer Synchronmaschine im Stillstand für den Fall eines Gleichstroms in den Strängen der Maschine. Sowohl die induzierte Spannung der Maschine ($\Omega = 0$) als auch der induktive Spannungsabfall in den Strängen ($\frac{di}{dt} = 0$) sind in diesem Fall gleich Null.

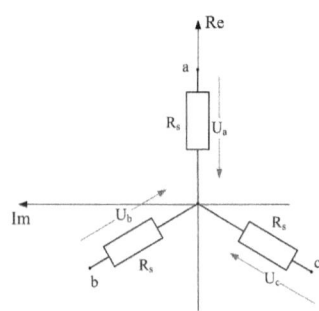

Abbildung 5.1: Definition eines Widerstandsnetzwerk in der komplexen Ebene zur Herleitung der diskreten Spannungszustände

Am vorliegenden Netzwerk werden nun alle theoretisch möglichen Spannungszustände bei Verbindung der jeweiligen Stränge mit den drei möglichen Zuständen $+, -, 0$ aufgestellt. *Plus* bedeutet, dass die Phase mit dem positiven, *Minus* entsprechend, dass sie mit dem negativen Pol der Spannungsquelle verbunden ist. Im Falle des Zustands 'Null' sei der Anschluss isoliert und es fließt kein Strom im jeweiligen Strang.

Das Aufstellen aller $3^3 = 27$ Zustände ist durch entsprechendes trinäres Zählen möglich. Eine Analyse aller möglichen Schaltzustände zeigt, dass insgesamt 12 unterschiedliche Zustände existieren, die zu einem Stromfluss führen.

Die spannungsbildenden Zustände sind zusammengefasst in Tab. 5.1 dargestellt. Die Reihenfolge der Zustände entsteht durch die Eliminierung der nicht spannungsbildenden Zustände, nachdem das trinäre Zählverfahren durchgeführt wurde.

Tabelle 5.1: Spannungsbildende Zustände nach trinärer Auswertung der Schaltmöglichkeiten

S_a	S_b	S_c	$\frac{U_a}{U_{DC}}$	$\frac{U_b}{U_{DC}}$	$\frac{U_c}{U_{DC}}$
-	-	+	$-\frac{1}{3}$	$-\frac{1}{3}$	$\frac{2}{3}$
-	0	+	$-\frac{1}{2}$	0	$\frac{1}{2}$
-	+	-	$-\frac{1}{3}$	$\frac{2}{3}$	$-\frac{1}{3}$
-	+	0	$-\frac{1}{2}$	$\frac{1}{2}$	0
-	+	+	$-\frac{2}{3}$	$\frac{1}{3}$	$\frac{1}{3}$
0	-	+	0	$-\frac{1}{2}$	$\frac{1}{2}$
0	+	-	0	$\frac{1}{2}$	$-\frac{1}{2}$
+	-	-	$\frac{2}{3}$	$-\frac{1}{3}$	$-\frac{1}{3}$
+	-	0	$\frac{1}{2}$	$-\frac{1}{2}$	0
+	-	+	$\frac{1}{3}$	$-\frac{2}{3}$	$\frac{1}{3}$
+	0	-	$\frac{1}{2}$	0	$-\frac{1}{2}$
+	+	-	$\frac{1}{3}$	$\frac{1}{3}$	$-\frac{2}{3}$

Der rechte Teil von Tab. 5.1 stellt die jeweilige Strangspannung bezogen auf die angelegte DC-Spannung dar.

Nach der Definition aller möglichen spannungsbildenden Schaltzustände wird im folgenden eine Schaltreihenfolge festgelegt, die zu einem Drehfeld führt. Hierzu wird für jeden Strang ein komplexer Spannungszeiger definiert, dessen Länge durch den Betrag der jeweiligen Strangspannung gegeben ist. Die Richtung des Raumzeigers wird durch die Orientierung der Wicklung gemäß Abb. 5.1 festgelegt. Die resultierenden Spannungszeiger für jeden Schaltzustand ergeben sich wie folgt:

$$
\begin{bmatrix} \underline{U}_i \end{bmatrix} = \begin{bmatrix} -\frac{1}{3} & -\frac{1}{3} & \frac{2}{3} \\ -\frac{1}{2} & 0 & \frac{1}{2} \\ -\frac{1}{3} & \frac{2}{3} & -\frac{1}{3} \\ -\frac{1}{2} & \frac{1}{2} & 0 \\ -\frac{2}{3} & \frac{1}{3} & \frac{1}{3} \\ 0 & -\frac{1}{2} & \frac{1}{2} \\ 0 & \frac{1}{2} & -\frac{1}{2} \\ \frac{2}{3} & -\frac{1}{3} & -\frac{1}{3} \\ \frac{1}{2} & -\frac{1}{2} & 0 \\ \frac{1}{3} & -\frac{2}{3} & \frac{1}{3} \\ \frac{1}{2} & 0 & -\frac{1}{2} \\ \frac{1}{3} & \frac{1}{3} & -\frac{2}{3} \end{bmatrix} \begin{bmatrix} e^{j0°} \\ e^{j240°} \\ e^{j120°} \end{bmatrix} = \widetilde{U}_{DC} \cdot \begin{bmatrix} e^{-j120°} \\ ke^{-j150°} \\ e^{j120°} \\ e^{j150°} \\ e^{j180°} \\ ke^{-j90°} \\ ke^{j90°} \\ e^{j0°} \\ ke^{-j30°} \\ ke^{j60°} \\ e^{j30°} \\ e^{j60°} \end{bmatrix} \quad (5.6)
$$

mit:
$$k = \frac{\sqrt{3}}{2}$$

Die Zeilensortierung des komplexen Raumzeigervektors $[\underline{U}_i]$ nach ansteigendem Winkel führt schließlich auf die in Tab. 5.2 gezeigte Schalttabelle zur Generierung eines mathematisch positiv drehenden Raumzeigers.

Die Benennung der Zustände wurde in Anlehnung an die in [26] festgelegte Nomenklatur durchgeführt. Der Buchstabe F steht hierbei für einen Vollspannungszustand (engl. *full*), der Buchstabe I für einen Zwischenspannungszustand (engl. *intermediate*).

Die diskreten Spannungszustände aus Gl. 5.6 können ebenfalls in Real- und Imaginärteil zerlegt und damit im statororientierten α/β-System dargestellt werden. Diese Darstellung führt zu bekannten Hexagon in Abb. 5.2 mit den zusätzlichen Zwischenspannungszuständen (I) auf den Verbindungslinien der sechs Vollspannungs-Raumzeiger-Spitzen.

Bei vollständiger Anwendung der Schalttabelle ergibt sich der in Gl. 5.1 angegebene Winkelschritt $\Delta\xi$ somit zu 30°, wodurch sich die gezeigte Schalttabelle von der bisher für Zweipunkt-Wechselrichter bekannten Zustandstabelle unterscheidet.

In Gl. 5.6 ist jedoch auch erkennbar, dass die Länge des Spannungszeigers beim Schalten der I-Zustände auf $\frac{\sqrt{3}}{2}$ verkürzt wird. Es entsteht also ein nur quasi-zwölfpulsiges Dreiphasen-Spannungssystem. Im folgenden Abschnitt wird hierzu untersucht, welche Auswirkungen diese Längenänderung des Zeigers auf den Oberschwingungsgehalt des diskretisierten Drehspannungssystems hat.

Tabelle 5.2: Resultierende Schalttabelle zur Generierung der 12 Statorspannungs-Raumzeigerwerte

State ID	$\varepsilon[°]$	S_a	S_b	S_c
F1	0	+	−	−
I1	30	+	0	−
F2	60	+	+	−
I2	90	0	+	−
F3	120	−	+	−
I3	150	−	+	0
F4	180	−	+	+
I4	210	−	0	+
F5	240	−	−	+
I5	270	0	−	+
F6	300	+	−	+
I6	330	+	−	0

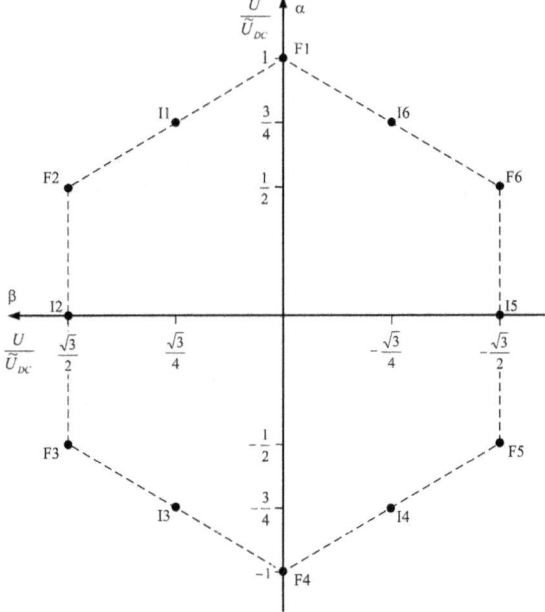

Abbildung 5.2: Darstellung der 12 diskreten Spannungszustände als komplexe Raumzeiger im α/β System

5.1.2 Bewertung möglicher Schaltsequenzen

Für die Ansteuerung einer Maschine könnten die identifizierten Schaltzustände theoretisch in beliebiger Reihenfolge geschaltet werden. Bei den in Abschnitt 2.2.1 vorgestellten Direkten Regelverfahren wird dieser Freiheitsgrad für die Realisierung einer hochdynamischen Drehmomentregelung ausgenutzt.

Grundgedanke des hier entwickelten Ansteuerungsverfahren ist jedoch, dass die Schaltzustände in einer festen, von der Rotorposition abhängigen Schaltreihenfolge geschaltet werden. Diese festgelegte Schaltreihenfolge weist bei konstanter Drehzahl Parallelen zur Grundfrequenztaktung auf. Bei der Grundfrequenztaktung werden die Schaltzustände jedoch zeitabhängig, und nicht wie in diesem Fall winkelabhängig aktiviert.

Auf Grundlage der nach Abschnitt 5.1.1 verfügbaren Spannungszustände werden im Folgenden drei verschiedene Schaltsequenzen näher betrachtet:

1. DSR-Sequenz

   Da die angelegte Schaltsequenz der Grundfrequenztaktung bei der Direkten Selbstregelung entspricht, soll diese Variante als DSR-Sequenz bezeichnet werden. Die Schaltsequenz beinhaltet alle Schaltzustände, die das Präfix F tragen.

2. Block-Sequenz

   In diesem Fall kommen lediglich Schaltzustände zum Einsatz, bei denen einer der Stränge keinen Strom führt, was für alle Zustände mit dem Präfix I gilt. Dies entspricht der Charakteristik der im Abschnitt 2.2.3 vorgestellten Blockstromkommutierung und soll aus diesem Grund als Block-Sequenz bezeichnet werden.

3. MSK-Sequenz

   Das Kürzel steht für Mechanische Selbst-Kommutierung. Die im Rahmen dieser Arbeit entwickelte Schaltreihenfolge kombiniert die beiden Schaltsequenzen 1 und 2 miteinander. Sie entsteht, indem die in Tab. 5.2 dargestellte Schaltsequenz vollständig durchlaufen wird.

Analyse der Strangspannungen

Um diese drei Sequenzen zu bewerten, werden die Spannungssignale in Abb. 5.3 sowohl im Zeit- als auch im Frequenzbereich analysiert. Als Referenz ist der ideelle Sinusverlauf mit aufgeführt, an dessen Beispiel im Kapitel 4 bereits das Funktionsprinzip des Ansteuerungsverfahrens beschrieben wurde.

Die FFT-Analyse der Signale zeigt deutlich, dass sich die drei diskreten Signale insbesondere in der Amplitude der Grundschwingung unterscheiden. Der ideelle Sinus hat eine Amplitude von $\frac{2}{3}U_{DC} = 0.6\bar{6}$. Die Grundschwingung der DSR-Sequenz besitzt eine leicht reduzierte Amplitude von $\frac{2}{\pi}U_{DC}$, die Blocksequenz führt zu einer weiter reduzierten Amplitude von $0.55U_{DC}$. Zum Vergleich wird bei der als symmetrierte Sinusmodulation ausgeführten PWM eine ideale Grundschwingung von $0.57U_{DC}$ erreicht.

Die Analyse zeigt zudem, dass in Block- und DSR-Sequenz für alle $6k \pm 1$ mit $k = 1, 2, 3, ...$ Harmonische existieren deren Amplituden wie erwartet mit $1/k$ abnehmen. Für die MSK-Sequenz sind die Spektralanteile durch die Quasi-Zwölfpulsigkeit an den Positionen $(12k - 6) \pm 1$ im Vergleich zu DSR- und Block-Sequenz stark reduziert.

In Tab. 5.3 werden die Amplituden für die Grundschwingung sowie die 5. und 7. Harmonische miteinander verglichen. Die Werte werden hier für eine qualitative Bewertung gerundet. Es zeigt sich, dass die entwickelte MSK-Schaltsequenz einen sehr guten Kompromiss zwischen dem Erhalt der Grundschwingungs-Amplitude und der Vermeidung von einem hohen Oberschwingungsgehalt darstellt. Im Vergleich zur DSR-Sequenz wird der Oberschwingungsgehalt durch die MSK-Sequenz für die 5. und 7. nahezu um den Faktor 4 reduziert.

Tabelle 5.3: Vergleich von Grundschwingung, 5. und 7. Harmonischen sowie zum Vergleich die ideale symmetrierte sinusmodulierte PWM

Sequenz	$\frac{U^{(1)}}{U_{DC}}$ [%]	$\frac{U^{(5)}}{U_{DC}}$ [%]	$\frac{U^{(7)}}{U_{DC}}$ [%]
DSR	95,5	19	14
Block	82,7	16,5	12
MSK	92	5	3
PWM	90,6	0	0

Analyse im d/q-Koordinatensystem

Abb. 5.4 stellt die zeitlichen Signale der drei Sequenzen transformiert in das rotororientierte d/q- Koordinatensystem dar. Auch hier wird das ideelle Sinussignal als Referenz verwendet. Der ideelle Sinus generiert, wie bereits im Abschnitt 4.1 beschrieben, einen zeitlich konstanten Spannungsraumzeiger, welcher durch den Winkeloffset $\Delta\varepsilon$ räumlich verschoben werden kann.

Für die diskreten Zeitsignale folgt der Spannungsraumzeiger einer Trajektorie, bei der der Zeiger im Falle von DSR- und Block-Sequenz periodisch um 60° von links nach rechts läuft, um dann erneut auf den linken Anfang seiner Trajektorie zu springen (für eine Drehung gegen den Uhrzeigersinn). Für DSR- und Block-Sequenz ist die Zeigerlänge zeitlich konstant.

72 KAPITEL 5: MECHANISCHE SELBSTKOMMUTIERUNG VON SYNCHRONMASCHINEN

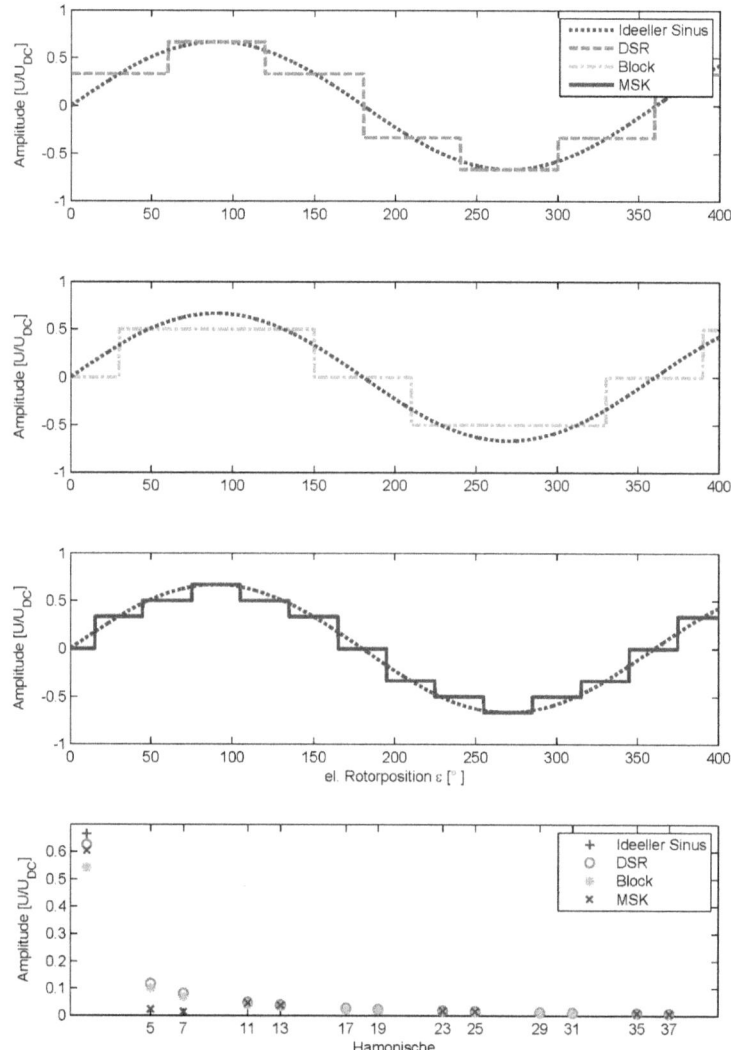

Abbildung 5.3: Vergleich der Schaltsequenzen im Zeit- und Frequenzbereich

Die MSK-Sequenz durchläuft periodisch einen Winkelbereich von 30°, wobei die Länge des Spannungszeigers alterniert. Liegt ein Vollspannungszustand vor, so läuft der Zeiger auf der oberen, im Falle eines *Intermediate*-Zustands auf der unteren Trajektorie. Nach dem

Zurücklaufen springt der Zeiger kreuzend auf den linken oberen bzw. unteren Anfang der Trajektorie.

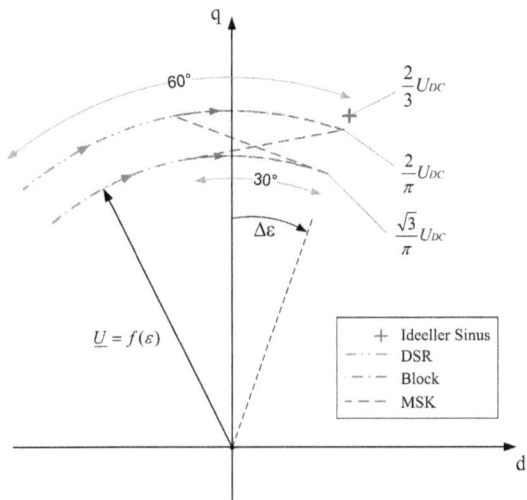

Abbildung 5.4: Darstellung der Trajektorien des Spannungszeigers im rotororientierten d/q-System

An dieser Stelle stellt sich die Frage, in welcher Form die im Frequenzbereich durchgeführte Analyse der Strangspannungen auf die Spannungssignale im d/q-Koordinatensystem übertragen werden kann.

Die Parktransformation, die die Spannungen in das zweisträngige rotorbezogene d/q-Koordinatensystem abbildet, besteht aus zwei Schritten[3],[4]:

Der erste Schritt der Transformation besteht darin, die um jeweils 120° zeitlich und räumlich verschobenen Größen des Dreiphasensystems in die komplexe α/β-Ebene zu überführen. Die Spektren der einzelnen Stränge gehen hierbei entsprechend in Real- und Imaginärteil über. Die spektrale Information der Stranggrößen wird auf den Real- und Imaginärteil projiziert, ist jedoch in ihrer quadratischen Summe aufgrund von nur zwei Strängen im Vergleich zur Stranggröße um den Faktor $\frac{3}{2}$ vergrößert.

Der zweite Teil der Parktransformation besteht aus einer Transformation des Koordinatensystems. Hierbei werden die Werte im α/β-System mit dem komplexen Faktor $e^{-j\varepsilon}$ multipliziert. Diese Transformation führt im Frequenzbereich dazu, dass die positive und negative Grundschwingung des Frequenzspektrums addiert und in einen Gleichanteil überführt werden.

KAPITEL 5: MECHANISCHE SELBSTKOMMUTIERUNG VON SYNCHRONMASCHINEN

Diese Transformation wird auf alle an den Positionen $6k \pm 1$ bestehenden spektralen Paare angewendet.

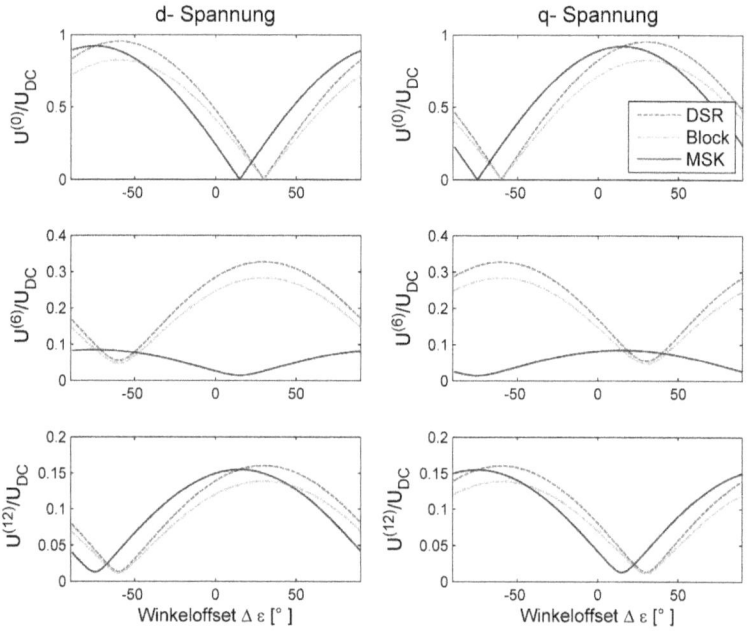

Abbildung 5.5: Amplituden des Gleichanteils sowie der 6. und 12. Harmonischen im d/q-System in Abhängigkeit vom Winkeloffset $\Delta\varepsilon$

Dies führt dazu, dass alle Spektralanteile bei $6k \pm 1$ addiert und in einen resultierenden Spektralanteil an der Position $6k$ überführt werden. Diese Summe an der Position $6k$ ist nun wiederum zerlegt in einen Realteil (d-Komponente) sowie Imaginärteil (q-Komponente). Diese Komponenten der Spannung verfügen folglich über ein individuelles Spektrum, welches jeweils abhängig ist vom Phasenoffset $\Delta\varepsilon$.

Dies bedeutet, dass die spektrale Leistung des Dreiphasensystems, wie in [23] beschrieben, zu jedem Zeitpunkt im d/q-System enthalten ist, sie jedoch in Abhängigkeit vom eingestellten Phasenoffset in d- und q-Komponente zerlegt wird.

In Abb. 5.5 ist die Abhängigkeit der d/q-Spektralkomponenten vom Phasenoffset für den Gleichanteil sowie die ersten beiden Oberschwingungen (k=6 und 12) dargestellt. Die Abhängigkeit hat für den Gleichanteil einen sinusförmigen, für k=6 und 12 lediglich einen angenähert sinusförmigen Verlauf. Die Phasenlagen und Amplituden unterscheiden sich jedoch für alle drei betrachteten Sequenzen.

Für DSR und Blocksequenz wird der Gleichanteil der q-Spannung für $\Delta\varepsilon = 30°$ maximal. Der Anteil der Harmonischen wird an diesem Punkt für die q-Komponente minimal, wobei dann nahezu der gesamte Oberschwingungsgehalt des Dreiphasensystems durch die d- Komponente abgebildet wird. Für diese erreicht der Oberschwingungsgehalt dann bei $\Delta\varepsilon = 30°$ entsprechend ein Maximum.

Die MSK-Sequenz hat aufgrund der sich ändernden Zeigerlänge ein abweichendes Verhalten. Zum einen erreicht die q-Amplitude ihr Maximum bei $\Delta\varepsilon = 15°$, zum anderen nimmt die 6. Harmonische an diesem Punkt jedoch ebenfalls ihr Maximum an. Im Vergleich zu DSR- und Block-Sequenz ist diese Amplitude jedoch, wie bereits schon für die 5. und 7. Harmonische in Tab. 5.3 gezeigt, stark reduziert. Sie ist jedoch nicht gleich Null da es sich um ein quasi-zwölfpulsiges System handelt.

Bewertung der Schaltfrequenz

In der Leistungselektronik bewirkt eine hohe Schaltfrequenz einerseits einen geringen Strom- und damit Drehmomentrippel.

Tabelle 5.4: Abhängigkeit der Schaltfrequenz und verfügbaren Kommutierungszeit von der Polpaarzahl

Polpaarzahl	DSR/Block		MSK	
Z_p @	f'_s kHz/kmin^{-1}	T_{com} μs@kmin^{-1}	f'_s kHz/kmin^{-1}	T_{com} μs@kmin^{-1}
1	0.1	1667	0.2	416
2	0.2	833	0.4	208
3	0.3	556	0.6	139
4	0.4	417	0.8	104
5	0.5	333	1.0	83
6	0.6	278	1.2	69

Andererseits steigen die Schaltverluste proportional mit der Schaltfrequenz an. Um Maschinen im sehr hohen Drehzahlbereich betreiben zu können, werden entsprechend hohe Schaltfrequenzen benötigt. Für gewöhnlich sind Servo-Umrichter in der industriellen Antriebstechnik thermisch mindestens für eine Schaltfrequenz von 10..20 kHz dimensioniert.

Bei dem hier vorgestellten Verfahren ist die Schaltfrequenz nicht wählbar, sondern sie ist direkt an Drehzahl und Polpaarzahl des Motors gekoppelt. In Tab. 5.4 ist diese Abhängigkeit für gebräuchliche Polpaarzahlen und die betrachteten Ansteuerungsverfahren dargestellt. Eine Ansteuerung mit der MSK-Sequenz führt demzufolge zu geringeren Drehmoment-Rippeln als eine Ansteuerung mit dem DSR- oder Block-Sequenz, da die Schaltfrequenz doppelt so hoch ist und die Abweichung der Spannungsform von der Sinusform geringer ist.

Die zur Verfügung stehende Zeitdauer für eine Kommutierung T_{com} bei 1000 min^{-1} fällt mit ansteigender Polpaarzahl drastisch ab. Diese Zeitdauer sinkt zudem invers mit der Drehzahl. Bei der MSK-Sequenz steht genau diese Zeitdauer zur Verfügung, um die 30° el. breite Nullsektion bei den gegebenen Polpaarzahlen zu passieren (vgl. 5.2.1).

5.2 Realisierung des Kommutators

Nachdem im Abschnitt 4.1 die Speisung mit einem rotorsynchronen symmetrischen Dreiphasen-Spannungssystem erläutert und in Abschnitt 5.1 verschiedene dies approximierende spannungsdiskrete Ansteuerungsverfahren diskutiert wurden, wird im folgenden eine technische Lösung zur Realisierung der mechanischen Kommutierung vorgestellt.

5.2.1 Erzeugung der Spannungszustände

Zunächst soll anhand von Abb. 5.6 der Schritt von Tab. 5.2 hin zu einer räumlichen Anordnung aus Bürsten und Kommutator erläutert werden. Im oberen Teil der Grafik wird die Schaltmatrix transponiert dargestellt und die sich ergebenden Zeilen werden als Kommutatorlamellen gekennzeichnet.

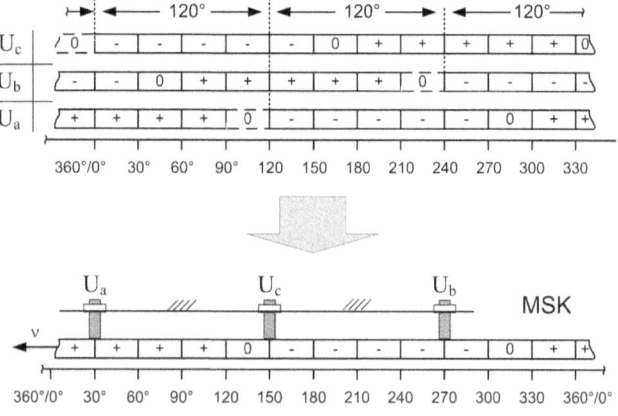

Abbildung 5.6: Entwicklungsschritt für die MSK von der Schalttabelle zur Anordnung aus Bürsten und Lamellen für $Z_p = 1$

Durch die gedankliche Vorstellung einer wiederkehrenden Matrixstruktur, die sich unter den Spannungen U_a, U_b und U_c hindurch bewegt, entsteht an den Klemmen die MSK-Schaltsequenz.

Aufgrund der 120°-Symmetrie der Anordnung kann diese Anordnung in ein einzelnes Lamellenband überführt werden, welches sich mit der Geschwindigkeit v unter den räumlich feststehenden, um 120° versetzt angeordneten Bürsten bewegt. Um die Analogie beider Anordnungen zu bewahren, muss die Reihenfolge der Bürsten (a, c, b) beachtet werden.

In Abb. 5.7 wird nun ausgehend von der gezeigten Anordnung der Kommutatoraufbau für die DSR- sowie die Block-Ansteuerung hergeleitet. An dieser Stelle wird nun ein Problem offensichtlich, welches bei der Realisierung eines reinen DSR-Kommutators auftritt.

Erkennbar wird dies an der markierten POS 1 in Abb. 5.7. Da die leitfähigen Bürsten eine endliche Breite haben, bilden sie zum Zeitpunkt des Übergangs von der positiven zur negativen Sektion einen Kurzschluss.

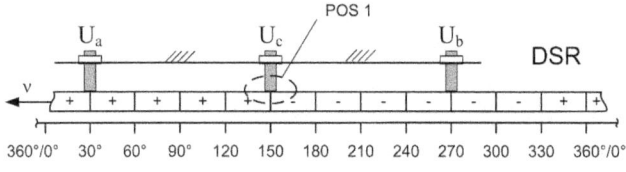

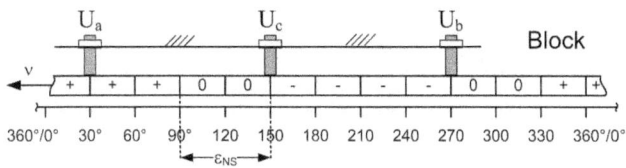

Abbildung 5.7: Prinzipieller Aufbau des Kommutators für DSR- und Block-Ansteuerung

Die Gleichspannungsquelle würde zu diesem Zeitpunkt kurzgeschlossen und die Bürste würde durch den entstehenden Lichtbogen zerstört. An dieser Stelle besteht die Möglichkeit, zwischen positiver und negativer Sektion eine neutrale Zone vorzusehen, die mindestens die Breite der Bürste aufweist. Ein solcher Schritt führt jedoch dazu, dass eine modifizierte Version der MSK-Ansteuerung entsteht.

Grundsätzlich lässt sich erkennen, dass auch die Block-Ansteuerung als ein Derivat der MSK angesehen werden kann, bei der die Ausdehnung der Null-Sektion um 30° el. verbreitert wurde.

Somit stellt die räumliche Ausdehnung der Nullsektion ε_{NS} einen Parameter dar, bei dessen Variation das Ansteuerungsverfahren für $\varepsilon_{NS} = 0$ zur DSR-, bzw. im Fall $\varepsilon_{NS} = 60°$

78 KAPITEL 5: MECHANISCHE SELBSTKOMMUTIERUNG VON SYNCHRONMASCHINEN

zur Block-Ansteuerung wird. Auf Basis der bereits in Abschnitt 5.1 durchgeführten Betrachtungen zu den drei Verfahren können die Auswirkungen einer Variation des Parameters ε_{NS} innerhalb der Grenzen bereits abgeschätzt werden.

5.2.2 Kommutierung induktiver und kapazitiver Strangströme

Die bisher vorgestellte Realisierung ist in der Lage, bei einer konstanten Geschwindigkeit der Lamellen v die notwendigen Spannungspotentiale für drei Stränge zur Verfügung zu stellen.

Das Betreiben eines in Stern geschalteten Widerstandsnetzwerks wie in Abb. 5.1 dargestellt, wäre mit einem solchen Kommutator möglich. Nicht berücksichtigt wurden bisher jedoch die induktiven Eigenschaften der Motorwicklungen. Eine nicht ohmsche Last führt bei einer anliegenden Wechselspannung zu einem Wechselstrom mit einer Phasenverschiebung zwischen Strom und Spannung. Diese Phasenverschiebung erlaubt es nicht mehr, dass der Strom synchron mit der geschalteten Spannung die Richtung ändert.

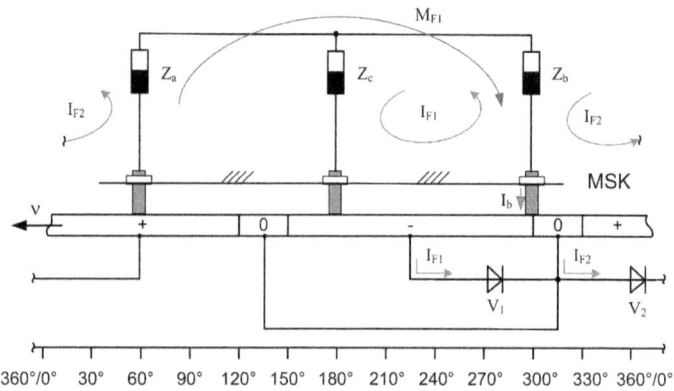

Abbildung 5.8: Integration von Klemmdioden in den Kommutator

Der Grund für die entstehende Phasenverschiebung liegt in der Lenzschen Regel, wonach eine Induktivität stets versucht, einer Änderung des Stroms entgegenzuwirken. Dies bedeutet, dass die Induktivität den in der Bürste fließenden Strom beim Eintreten in die Nullsektion durch eine Spannungsinduktion weiter treibt. Das Betreiben eines sterngeschalteten induktiven Netzwerks mit dem bisher vorliegenden Kommutator würde somit unmittelbar zu einem Bürstenfeuer führen, sobald die Bürste in die Nullsektion eintritt.

Eine naheliegende Lösung dieses Kommutierungsproblems stellt die Integration von

Klemmdioden dar. In Abb. 5.8 wurde ein Diodenpaar eingefügt, dessen Mittelpunkt mit den zwei Nullsektionen verbunden ist. Die Dioden sind fest mit den Lamellen verbunden, und bewegen sich ebenfalls mit der Geschwindigkeit ν. Die Funktion der Klemmdioden soll im folgenden für die in Abb. 5.8 anstehende Kommutierung des Stroms I_b beispielhaft beschrieben werden.

Wenn die Bürste von Strang b die Nullsektion erreicht, erfolgt das Abmagnetisieren im Fall $I_b > 0$ durch die Diode V_1, im Fall $I_b < 0$ übernimmt V_2 diese Aufgabe.

1. $I_b < 0$

   Damit es zu einer Klemmung und Abmagnetisierung über die Diode V_2 kommt, muss das Potential der an der Bürste induzierten Spannung höher sein als das positive Potential der Spannungsquelle. Der Potentialbezug entsteht hierbei durch die Reaktanz Z_a und die interne Sternschaltung der Wicklungen.

   Unter der Annahme einer idealen Diode wird das Potential der Nullsektion nach dem Leitendwerden der Diode V_2 gleich dem positiven Potential der Spannungsquelle. Daraufhin wird der Strom der Induktivität Z_b über den in Abb. 5.8 eingezeichneten Weg I_{F2} schnell abgebaut.

   Sobald der Strom I_b zu Null wird, sperrt die Diode V_2 und das Potential der Nullsektion wird vom negativen Spannungspotential entkoppelt. Sobald die Bürste des Strangs b durch die Fortbewegung des Kommutators wieder Kontakt zur positiven Sektion erhält, steigt der Strom in Zählpfeilrichtung wieder an.

2. $I_b > 0$

   Falls der Strom I_b vor dem Eintreten in die Nullsektion aufgrund einer entsprechenden Phasenverschiebung zwischen Spannung und Strom größer Null ist, erfolgt das Abmagnetisieren über die Diode V_1. Es erfolgt analog zum bereits oben beschriebenen Szenario jedoch über den Strang c, indem die Nullsektion das Potential der negativen Sektion erhält.

   Dieser Potentialabfall bewirkt, dass die Spannungsmasche M_{F1} wirksam wird. Daraus resultiert, dass beim Leitendwerden von V_1 die gesamte DC-Spannung genutzt wird, um den fließenden Strom I_b auf Null abzukommutieren. Hierdurch steigt die Geschwindigkeit der Kommutierung mit zunehmender DC-Spannung an. Dieser die Kommutierung beschleunigende Effekt existiert ebenfalls für den zuvor betrachteten Fall $I_b < 0$.

5.2.3 Mechanischer Aufbau des Kommutators

Bisher wurde der Kommutator in Form eines sich wiederholenden linearen Wegstücks dargestellt. In der Realität muss der Kommutator wie bereits in Abb. 1.3 vorgestellt in den Motor integriert und mit dem Rotor der Maschine gekoppelt werden.

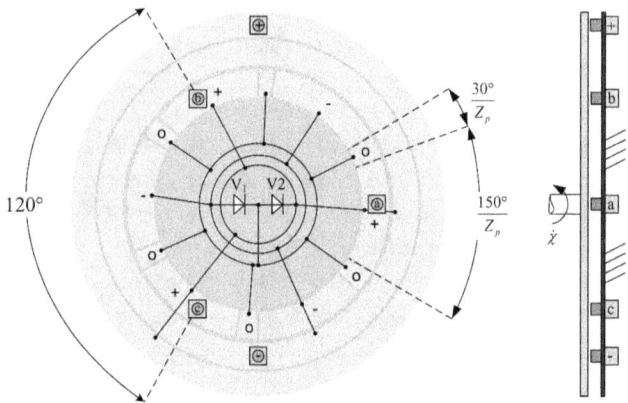

Abbildung 5.9: Aufbau der Kommutatorscheibe in Abhängigkeit von der Polpaarzahl gezeigt für $Z_p = 3$

Das sich alle elektrisch 360° wiederholende Wegstück kann in Form einer rotationssymetrischen Scheibe dargestellt werden. Die in Abb. 5.6 angegebene Geschwindigkeit v der Lamellen wird hierdurch zum Produkt aus elektrischer Winkelfrequenz und dem Radius der Lamellen $v = \omega r$. Wird dies auf eine starr mit der Drehzahl $\dot{\chi}$ rotierende Scheibe übertragen, so muss sich das in Abb. 5.8 angegebene Wegstück pro mechanischer Rotorumdrehung Z_p mal wiederholen.

In Abb. 5.9 wurde aus diesen Überlegungen der mechanische Ausbau des Kommutators entwickelt. Der Kommutator besteht aus einer rotierenden Scheibe sowie einem feststehenden Bürstenhalter, an dem fünf Bürsten befestigt sind.

Die Scheibe enthält drei konzentrische Ringe. Die äußeren beiden Ringe sind als durchgehende Schleifringe ausgeführt, die durch den Kontakt mit den jeweiligen Bürsten das positive sowie negative Potential der Spannungsquelle auf die Scheibe übertragen. Der innere Ring ist segmentiert ausgeführt.

Die Bogenlänge der Sektionen hängt hierbei von der Polpaarzahl der zu betreibenden Maschine ab. Die Nullsektionen müssen die Bogenlänge $\frac{30°}{Z_p}$ haben, damit sich das in Abb. 5.3 dargestellte quasi-zwölfpulsige MSK-Spannungssystem einstellt.

Die Bürsten a, b und c, welche mit den Motorwicklungen verbunden werden, sind räumlich um 120° zueinander verschoben. Auf dem inneren Teil der Scheibe ist das Diodennetzwerk, bestehend aus V_1 und V_2 angeordnet. Die Mittelanzapfung wird hierbei mit allen Nullsektionen elektrisch verbunden. Die Anode von V_1 wird mit dem negativen Potential und allen auf diesem Potential befindlichen Segmenten verbunden. Bei der Kathode von V_2, geschieht dies entsprechend mit dem positiven Potential.

5.2.4 Elektrisches Ersatzschaltbild des Kommutators

Die unmittelbare Interpretation des Kommutatoraufbaus aus Abb. 5.8 und Abb. 5.9 führt zu dem in Abb. 5.10 dargestellten Ersatzschaltbild. In diesem werden die drei Stränge der Maschine durch jeweils einen Schalter angesteuert, der drei Schaltzustände annimmt. Durch diesen werden die Stränge wahlweise auf das positive oder negative Potential, oder aber in die neutrale Position geschaltet.

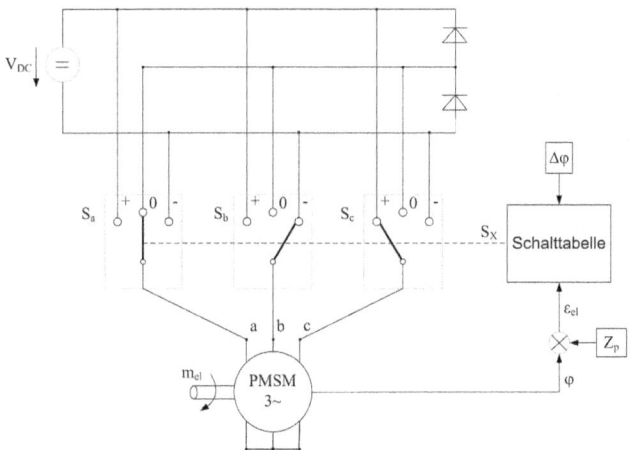

Abbildung 5.10: Ersatzschaltbild des Kommutators

Die neutrale Position bedeutet hierbei, dass der jeweilige Strang mit dem Mittelpunkt der in Reihe geschalteten Dioden V_1 und V_2 verbunden wird. Die elektrische Rotorposition sowie der vorgegebene Phasenverschiebungswinkel $\Delta \varepsilon$ fließen als Eingangsgrößen in die Schalttabelle ein, die davon abhängig die entsprechenden Schalterstellungen generiert.

Neben dieser direkten Interpretation des Kommutators in Form eines Ersatzschaltbildes kann die Funktion des Kommutators, wie in Abb. 5.11 angegeben, auch durch eine B6I-Brückenschaltung realisiert werden. Die Funktion jedes Dreifachschalters aus Abb. 5.10 wird hier durch ein aus Leistungsschaltern bestehendes Paar wiedergegeben.

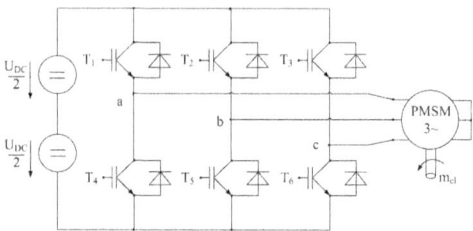

Abbildung 5.11: Realisierung des Kommutators durch eine vollgesteuerte B6I-Brücke

In den Leistungsschaltern sind standardmäßig antiparallele Dioden integriert, welche die Funktion der in Abb. 5.10 gezeigten Dioden V_1 und V_2 übernehmen. Aufgrund der speziellen Schaltabfolge wurde gezeigt, dass zwei Dioden zur Realisierung ausreichen. Durch die Verteilung des Freilaufs auf insgesamt sechs Dioden bleibt die Funktion vollständig erhalten, lediglich die thermische Beanspruchung der Dioden wird im Vergleich zur ursprünglichen Realisierung gedrittelt.

Tabelle 5.5: Schalttabelle zur Realisierung der MSK-Sequenz durch eine B6I-Brücke

State ID	$\varepsilon[°]$	S_a	S_b	S_c	T_1	T_2	T_3	T_4	T_5	T_6
F1	0	+	-	-	1	0	0	1	0	1
I1	30	+	0	-	1	0	0	0	0	1
F2	60	+	+	-	1	0	1	0	0	1
I2	90	0	+	-	0	0	1	0	0	1
F3	120	-	+	-	0	1	1	0	0	1
I3	150	-	+	0	0	1	1	0	0	0
F4	180	-	+	+	0	1	1	0	1	0
I4	210	-	0	+	0	1	0	0	1	0
F5	240	-	-	+	0	1	0	1	1	0
I5	270	0	-	+	0	0	0	1	1	0
F6	300	+	-	+	1	0	0	1	1	0
I6	330	+	-	0	1	0	0	1	0	0

In Tab. 5.5 wird die bekannte Schalttabelle 5.2 um die Ansteuerung der Schalter zur Realisierung der MSK-Schaltabfolge erweitert. Es zeigt sich, dass jeder Schalter pro elektrische Umdrehung lediglich einmal seinen Schaltzustand ändert.

Insgesamt werden somit 12 Schaltvorgänge pro elektrische Umdrehung benötigt. In dem Fall einer leistungselektronischen Implementierung des Kommutators entsteht zudem die Möglichkeit, die DSR-Sequenz aus Abschnitt 5.1.1 nur durch F-Zustände zu schalten. Die Totzeit bei der Ansteuerung der Schaltglieder muss hier natürlich auch beachtet werden, um einen Kurzschluss im jeweiligen Pfad auszuschließen.

5.3 Vergleich mit bekannten Regelungsverfahren

Das bis hierher vorgestellte Kommutierungsverfahren soll im Folgenden mit bereits beschriebenen ähnlichen Regelungsverfahren verglichen werden. Im Abschnitt 2.2 wurden insgesamt vier Regelungsverfahren vorgestellt, die Parallelen zur Mechanischen Selbstkommutierung aufweisen.

In Tab. 5.6 ist eine Übersicht erstellt, in der die Merkmale der einzelnen Verfahren qualitativ miteinander verglichen werden. Dargestellt sind hier neben dem entwickelten MSK-Verfahren die Blockkommutierung, die Direkte Selbstregelung, das ursprünglich für die Asynchronmaschine entwickelte *Direct Torque Control* Verfahren sowie dessen Pendant für die Regelung von Synchronmaschinen.

Als Eigenschaften werden Charakteristika der zur Regelung eingesetzten Spannung, Strombegrenzung, Regelungseigenschaften sowie besondere individuelle Merkmale der jeweiligen Methode aufgeführt.

Als einziges Verfahren nutzt die MSK keinerlei Nullspannungszustände, wie sie durch das gleichzeitige Zuschalten aller Stränge des Wechselrichters auf das positive- oder negative Potential bei den anderen Verfahren erreicht werden.

Die PWM nutzt diese Zustände zur Erzeugung der Pausenzeiten, DSR und DTC nutzen sie beim Betreiben der Asynchronmaschine jeweils zum Anhalten des Flussraumzeigers und zum Abbau des schlupfinduzierten Drehmoments.

Eine wichtige Eigenschaft einer Drehmomentregelung ist die Möglichkeit der Strombegrenzung. Bei der Blockkommutierung ermöglicht die PWM in Kombination mit dem Stromregler eine hochdynamische, harte Begrenzung des Stromes. Falls diese Begrenzung aufgrund einer schlechten Reglerauslegung nicht greift, bleibt wie bei allen vorgestellten verwandten Regelungsverfahren die letzte Möglichkeit, die Endstufe bei einer Software- oder Hardwaredetektion des Überstroms zu sperren.

Alle vorgestellten direkten Regelverfahren verfügen durch die Drehmomentregelung nur indirekt über eine Strombegrenzung. Da jedoch in allen Fällen Stromsensoren vorhanden sind, bleibt die Möglichkeit, eine übergeordnete Strombegrenzung durch Schalten der Nullzustände zu realisieren wie in [43] beschrieben.

Tabelle 5.6: Vergleich der Charakteristika bisher vorgestellter Regelverfahren mit dem entwickelten mechanischen Kommutierungsverfahren

Eigenschaft	MSK	Block	DSR	DTC	DTC Sync
Maschinentyp	Synchronmaschine	Synchronmaschine	Asynchronmaschine	Asynchronmaschine	Synchronmaschine
Spannungstyp	-Positionsabhängige diskrete Zustände	-PWM -Positionsabh. Schalterw.	-Zustandsabhängige diskrete Zustände	-Zustandsabhängige diskrete Zustände	-Diskret Zustandsabh. -Raumzeiger Mod[1]
Spg. Zustände F1 bis F6	X		X	X	X
Spg. Zustände I1 bis I6	X	X			
Nullspannungen			X	X	X
Strombegrenzung	-Anfahrwiderstand -Rs, EMK	-Stromregler -Überstromabsch.	-Drehmoment (indirekt) -Überstromabsch.	-Drehmoment (indirekt) -Überstromabsch.	-Drehmoment (indirekt) -Überstromabsch.
Messgrößen	$\varepsilon_{el} = Z_p \chi$	$-I_a, I_b, (I_c)$ $-\varepsilon_{el} = Z_p \chi$	$-I_a, I_b, (I_c)$ $-U_{DC}$	$-I_a, I_b, (I_c)$ $-U_{DC}$	$-I_a, I_b, (I_c)$ $-U_{DC}$ $-\varepsilon_{mt}$
Regelgrößen	-Keine Regelung Drehzahlsteuerung durch Spg.-Raumzeiger	-Stromeinprägung -Drehmoment (indirekt)	-Drehmoment -Flussraumzeiger -Schaltfrequenz	-Drehmoment -Flussraumzeiger	-Drehmoment -Flussraumzeiger
Regler	-kein Regler	-PI-Regler	-4 Schmitttrigger	-2/3Pkt-Schmitttrigger	-2/3Pkt-Schmitttrigger -PI-Regler[1]
Stellglied	-Kommutator auf Rotorwelle	-Spg.-Zwischenkreis -B6I Brücke	-Spg.-Zwischenkreis -B6I Brücke	-Spg.-Zwischenkreis -B6I Brücke	-Spg.-Zwischenkreis -B6I Brücke
Störeinflüsse	-Lastmoment -Wicklungswiderstand -Trägheitsmoment	-Übererregungsfaktor -Messfehler	-Modellungenauigkeit -Messfehler -B6I Fehlerspg.	-Modellungenauigkeit -Messfehler -B6I Fehlerspg.	-Modellungenauigkeit -Messfehler -B6I Fehlerspg.
Besondere Merkmale	-keine Regelung -Mechanische Schalter -keine Software	-hohes Drehmoment bei trapezförmiger EMK -einfache Regelstruktur	-besonders für niedrige Schaltfrequenzen geeignet	-Tabellenbasiert -Drehmomentdynamik	-einfache Erweiterung zur sensorlosen Drehzahlregelung

All diese regelungstechnischen Möglichkeiten existieren für das MSK-Verfahren nicht, da kein dazu fähiges Stellglied vorliegt. Die Strombegrenzung kann bei der MSK lediglich physikalisch realisiert werden. Der Stand der Technik in Form eines Anfahrwiderstandes wurde hierzu im Abschnitt 2.1.2 bereits beschrieben.

Obwohl beim MSK-Verfahren die Rotorposition als Messgröße durch die Motorwelle erfasst wird, handelt es sich hierbei nicht um eine Regelung, sondern um eine Steuerung. Klarheit hierüber verschafft ein Vergleich mit der Gleichstrommaschine. Auch sie verfügt über einen mechanischen Kommutator, Kompensations- und Wendepolwicklungen, welche dafür sorgen, dass die in den Rotorleitern induzierten und in Reihe geschalteten Wechselspannungen phasenrichtig gleichgerichtet werden und der speisenden Gleichspannung entgegenwirken.

Wird eine DC-Maschine mit Gleichspannung betrieben, so erfolgt eine Drehzahlsteuerung mit einer resultierenden Drehzahlcharakteristik $n(m_L)$ und $I(m_L)$ wodurch die Drehzahl sowie die Stromaufnahme der Maschine vom Lastmoment abhängen. Dies ist ein elementarer Unterschied zu den vier weiteren Verfahren, welche in Tab. 5.6 aufgeführt sind.

Als Stellglieder kommt bei allen vorgestellten Verfahren eine vollgesteuerte B6I-Brückenschaltung zum Einsatz, welche aus einem Spannungszwischenkreis gespeist wird. Die Analogie zum Kommutator wurde hierzu bereits in Abschnitt 5.2.4 erläutert.

Bei einer Drehzahlsteuerung der Maschine durch eine mit variabler DC-Spannung betriebenen MSK wirkt das Trägheitsmoment als dynamischer Störeinfluss welcher die Änderungsgeschwindigkeit der Drehzahl (Beschleunigung) begrenzt. Bei den Wicklungs- und Vorwiderständen sowie dem Lastmoment handelt es sich um stationäre Störeinflüsse, die zu einer entsprechenden Verringerung der resultierenden Drehzahl führen.

Hauptmerkmal der MSK ist die Eigenschaft, dass die Kommutierung rein mechanisch erfolgt. Hierdurch benötigt die MSK keinerlei sicherheitsgerichtete Software zur Ansteuerung der Leistungselektronik (vgl. Kapitel 3).

Die Besonderheit der Blockkommutierung liegt in einer im Vergleich zur Vektorregelung einfachen skalaren Regelungsstruktur, die bei Maschinen mit einer trapezförmigen induzierte Spannung zu einer besonders hohen Drehmomentausbeute führt.

Die direkten Verfahren zeichnen sich durch ihre prinzipbedingte Robustheit gegenüber Schwankungen der Zwischenkreisspannung aus. Die DSR hat die optimale Ausnutzung der Schaltfrequenz als Merkmal und zeichnet sich gemeinsam mit dem DTC-Verfahren durch eine extrem hohe Drehmomentdynamik aus. Aufgrund des direkten Zusammenhangs zwischen der Geschwindigkeit des Flussraumzeigers und der Drehzahl kann diese im Falle einer mit dem DSR- oder DTC-Verfahren betriebenen Synchronmaschine sehr einfach bestimmt werden, um eine sensorlose Drehzahlregelung zur ermöglichen wie beispielsweise in [44] oder [13] beschrieben.

Kapitel 6

Simulation einer MSK-gesteuerten Synchronmaschine

In Kapitel 4 wurde das Verhalten einer mit einem konstanten Drehspannungssystem angesteuerten Synchronmaschine mathematisch beschrieben. Die dort getroffenen, idealisierenden Annahmen zeichneten sich insbesondere dadurch aus, dass die speisende Drehspannungsquelle eine rein sinusförmiges Versorgungsspannungssystem zur Verfügung stellt. Des weiteren wurde angenommen, dass die Spannungsquelle einen Strom beliebiger Amplitude und Phasenlage liefert.

Die im Kapitel 5 beschriebene mechanische Realisierung des Kommutierungsverfahrens unterscheidet sich von den idealen Annahmen in Kapitel 4 jedoch in den folgenden zwei wesentlichen Punkten:

1. Der Kommutator ist lediglich in der Lage, zwölf diskrete Spannungszustände zu schalten. Dieses mit Oberschwingungen behaftete Spannungssignal führt zu Oberschwingungen im Statorstrom, die störende Verluste und Drehmomentpulsationen verursachen.

2. Der Zeitpunkt der Kommutierung des Stroms wird durch den Aufbau des Kommutators bestimmt. In Kapitel 4 wurde angenommen, dass die Phasenlage des Stroms ausschließlich durch das elektromagnetische Verhalten der Maschine bestimmt ist. Der konstruktive Aufbau des Kommutators sieht vor, dass Strangstrom und Spannung in Phase liegen und keinerlei Phasenverschiebung aufweisen. Der ursprüngliche Aufbau des Kommutators aus Abb. 5.6 zeigt, dass die Nullsektion den Kommutierungspunkt des Stroms bestimmt.

KAPITEL 6: SIMULATION EINER MSK-GESTEUERTEN SYNCHRONMASCHINE

Die Berücksichtigung der erstgenannten Eigenschaft des Kommutators kann relativ einfach modelliert werden, indem die speisende Spannungsquelle im rotororientierten Koordinatensystem durch einen von der Rotorposition abhängenden Spannungsraumzeiger beschrieben wird. Die Trajektorie dieses Raumzeigers wurde bereits in Abb. 5.4 beschrieben.

In diesem Fall könnte weiterhin das Parksche-Modell der Synchronmaschine aus Gl. 4.1 verwendet werden, um das dynamische Verhalten der Maschine zu beschreiben. Die d- und q-Komponenten der Eingangsspannung wären in diesem Fall nicht wie in Kapitel 4 beschrieben konstant, sondern zeitlich veränderlich.

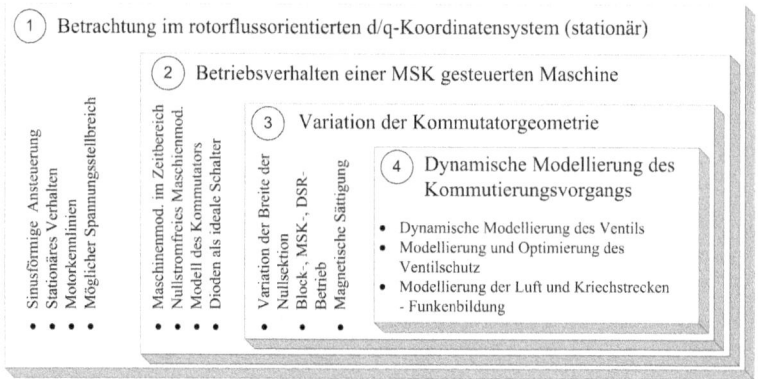

Abbildung 6.1: Aufbau der Simulationsaufgabe mit schrittweiser Vergrößerung des Detaillierungsgrades

Aufgrund der zweiten Eigenschaft des Kommutators ist jedoch eine derart vereinfachte Beschreibung der Wechselwirkung von Kommutator und Maschine nicht möglich. Durch die Integration dieser Klemmdioden, wie in Abb. 5.8 gezeigt, erhält der Kommutator die Eigenschaft, ebenfalls induktive oder kapazitive Ströme zu kommutieren. Erst hierdurch wird der Betrieb der Synchronmaschine mit dem mechanischen Kommutator überhaupt erst möglich.

Die Klemmdioden geben dem Statorstrom den Freiheitsgrad der Phasenverschiebung zwischen Strom und Spannung zurück. Dennoch beeinflusst der Kommutator weiterhin die Phasenlage der Grundschwingung des Stroms, hervorgerufen durch das Betriebsverhalten der Klemmdioden und die Position der Nullsektion.

In Abb. 6.1 ist die resultierende Simulations- und Modellierungsaufgabe als stufenförmiges Fundament dargestellt. Die grundlegenden Untersuchungen im Block (1) wurden bereits in Kapitel 4.1 durchgeführt. Hier fand vorwiegend eine Analyse der stationären Eigenschaften des Ansteuerungsverfahrens statt. Das dynamische Maschinenverhalten wurde hier aufgrund der sehr idealisierten und dadurch dynamisch realitätsfernen Annahmen lediglich am Rande diskutiert (vgl. Abb. 4.14).

Das in diesem Kapitel beschriebene Modell wird durch den Block (2) repräsentiert. Das vorgestellte Modell hat insbesondere zum Ziel, den Einfluss der Klemmdioden, und damit die dynamische Wechselwirkung zwischen Kommutator um Maschine zu beschreiben. Um diese zu simulieren, wurde die gesamte Simulation im statorwicklungsfesten Koordinatensystem realisiert. Nur hierdurch war es möglich, das Schalten der Dioden in Wechselwirkung mit den berechneten Zustandsgrößen zu berücksichtigen.

6.1 Aufbau des Simulationsmodells

Die vereinfachte Struktur des implementierten Kommutator-Maschinen-Modells ist in Abb. 6.2 dargestellt. Die Architektur des Modells wurde hierbei modular realisiert, so dass eine Erweiterung des Modells möglich ist. Die in Abb. 6.1 dargestellten Modellierungsstufen (3) und (4) können somit das entwickelte Modell als Grundlage verwenden und auf ihm aufbauen. Bisher wurde die Gleichspannungsquelle als ideale Spannungsquelle angenommen.

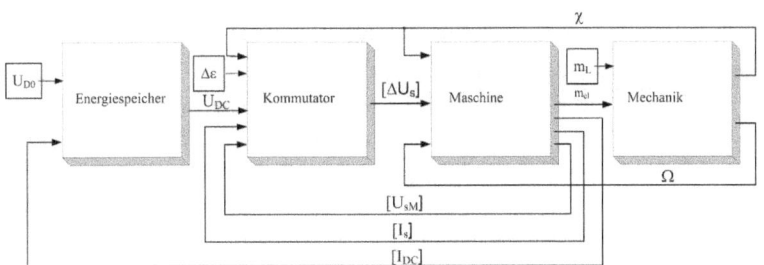

Abbildung 6.2: Gesamtübersicht des Simulationsmodells

Bei den chemischen Energiespeichern, welche in der Applikation zum Einsatz kommen, handelt es sich jedoch entweder um Blei-Vlies-Akkumulatoren oder aber Ultrakondensatoren.

Der Innenwiderstand der Blei-Vlies-Akkumulatoren liegt in dieser Anwendung im Bereich von 0.5 Ω. Vergleicht man diesen Wert mit einem gängigen Wicklungswiderstand einer Maschine im 10-kW-Bereich, so liegt dieser in der gleichen Größenordnung. Hierdurch wird deutlich, dass der Innenwiderstand der Akkumulatoren einen deutlichen Einfluss auf das Maschinenverhalten hat und für die Simulation nicht vernachlässigt werden darf.

Bei Ultrakondensatoren liegt der Innenwiderstand bei gleichem Nennspannungsniveau deutlich unter dem von Blei-Vlies-Akkumulatoren. Der Innenwiderstand wäre hierbei ggf.

zu vernachlässigen.

Nicht zu vernachlässigen ist in diesem Fall jedoch die kapazitive Eigenschaft des Kondensators, welche im Laufe der Notfahrt ein rapides Abfallen der Spannung zur Folge hat. Je nach Auslegung kann der Spannungseinbruch während der Notfahrt bis zu 50% der Leerlaufspannung U_{D0} betragen. Ein solches Verhalten muss für die Simulation in dieser Anwendung berücksichtigt werden.

Aus diesem Grund wurde im Simulationsmodell ein Modul *Energiespeicher* vorgesehen, welches das Modell der zum Einsatz kommenden Spannungsquelle enthält. Die notwendige Rückkopplung des aktuellen DC-Stroms auf das Energiespeicher-Modul ist ebenfalls in Abb. 6.2 dargestellt. Sie wird benötigt, um zum einen die Verluste am Innenwiderstand oder zum anderen auch den kapazitiven Abfall der Spannung über der Zeit zu bestimmen.

Die Eingangsgrößen des Kommutators werden durch die aktuelle Klemmenspannung des Energiespeichers U_{DC} sowie den Phasenoffset $\Delta\varepsilon$ gebildet. Um das Verhalten der Dioden berücksichtigen zu können, benötigt das Kommutatormodell sowohl die berechneten Strangspannungen der Wicklungen $[U_{sM}]$ als auch die aktuellen Statorströme $[I_s]$. Der Aufbau und die Wirkungsweise des Kommutatormodells wird im folgenden Kapitel 6.2 näher erläutert.

Das allgemeine Maschinenmodell der reluktanzbehafteten permanenterregten Synchronmaschine im Zeitbereich wird im Abschnitt 6.2 beschrieben. Daraufhin folgt die Herleitung eines sogenannten nullstromfreien Maschinenmodells in Kapitel 6.4. Diese Weiterentwicklung des Maschinenmodells aus Kapitel 6.2 berücksichtigt die galvanische Verbindung der Wicklungsstränge untereinander und erzwingt hierdurch selbst bei dynamisch auftretenden Spannungsunsymmetrien die Einhaltung der Kirchhoffschen Knotenregel im Sternpunkt der Maschine.

Das Lastmoment sowie das Luftspaltmoment der Maschine stellen die Eingangsgrößen des mechanischen Moduls dar. Das in dieser Arbeit eingesetzte Modell hat eine sehr vereinfachte Struktur, in der es lediglich durch das Gesamt-Trägheitsmoment J_Σ sowie zwei Integratoren abgebildet wird. Die Bewegungsgleichung hierzu wird in Gl. 6.4 angegeben, wobei die Dämpfung D des Systems vernachlässigt wurde.

Nach einfacher Integration der Winkelbeschleunigung erhält man die Winkelgeschwindigkeit der Maschine Ω. Die zweite Integration führt auf die aktuelle Rotorposition χ, die sowohl für die Maschine als auch den Kommutator eine Eingangsgröße bildet. Der Kommutator benötigt die Rotorposition zur Berechnung des aktuellen Stator-Spannungsraumzeigers. Das Maschinenmodell benötigt sie, um die wirksamen Polradspannungen und Kopplungsinduktivitäten der Maschine zu bestimmen. Durch die Reluktanzeigenschaft der Maschine ist die Größe der Induktivitäten eine Funktion der Rotorposition.

6.2 Modellierung des Kommutators

Der Aufbau und die Wirkungsweise des modellierten Kommutators ist in Abb. 6.3 dargestellt. Die Eingangsgrößen des Moduls wurden bereits vorgestellt und entsprechen denen in Abb. 6.2. Die in Kapitel 5.1 hergeleitete Schalttabelle 5.2 bildet die Grundlage der Kommutatorfunktion, mit Schaltern nach Abb. 5.10. Abhängig von der elektrischen Rotorposition betätigt die Schalttabelle die Schalter S_ν mit $\nu = (a, b, c)$ und realisiert hierdurch das MSK-Schaltmuster. Die entstehenden verketteten Spannungen $[\Delta U_s]$ bilden daraufhin die Eingangsgrößen des in Kapitel 6.4 entwickelten Maschinenmodells.

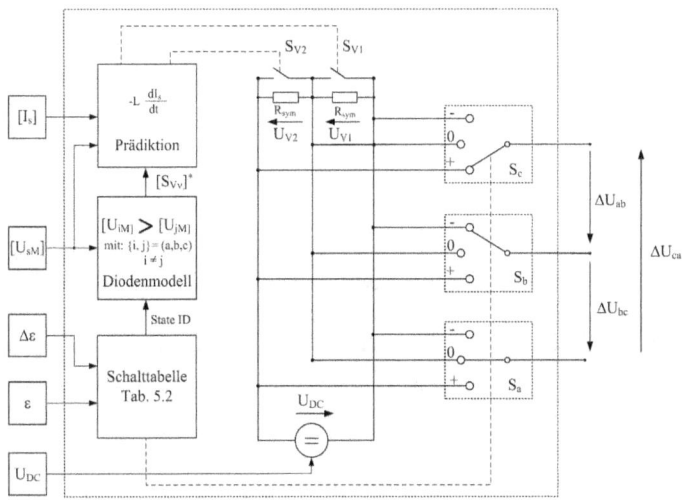

Abbildung 6.3: Aufbau des Kommutator Moduls

Die resultierenden verketteten Spannungen können jedoch noch durch die Dioden V_1 und V_2 beeinflusst werden. Diese werden durch die idealen Schalter S_{V1} und S_{V2} modelliert. Um diese anzusteuern, generiert die Schalttabelle zudem eine *State-ID*, und kommuniziert hierdurch mit dem Schaltermodell der Dioden. Erst dann, wenn I-Zustände vorliegen sollen (vgl. 5.2), wird das Schaltermodell der Dioden aktiv und bestimmt abhängig von den erhaltenen Strangspannungen den Vorschlag für das Schaltwort $S^*_{V\nu}$ mit $\nu = (1, 2)$.

Das Modul *Prädiktion* berechnet daraufhin die Auswirkungen des vorgeschlagenen Schaltwortes. Es simuliert somit bei bekannten Induktivitäten, Strangströmen und Spannungen die Auswirkungen der vorgeschlagenen Schaltoperation. Erst dann wenn die Einschaltbedingung $U_{V\nu} > 0$ mit $\nu = (1,2)$ auch unter Berücksichtigung der schaltinduzierten Spannung erfüllt ist, wird das vorgeschlagene Schaltwort $S^*_{V\nu}$ umgesetzt.

6.3 Herleitung der Maschinengleichungen

Die Herleitung der Systemgleichungen beruht auf einem Weg, dem das Hamiltonsche Prinzip zu Grunde liegt.

Leonard Euler und Joseph Louis Lagrange haben dieses Prinzip mit Hilfe der Variationsrechnung formalisiert, und durch die Entwicklung der Euler-Lagrange-Gleichungen auch für nicht-konservative Systeme formuliert.

Die Euler-Lagrange-Gleichung ist wie folgt definiert:

$$\frac{d}{dt}\left(\frac{\partial (L+L^*)}{\partial \dot{q}_i}\right) - \frac{\partial (L+L^*)}{\partial q_i} = 0 \tag{6.1}$$

Bei L handelt es sich um das sogenannte Kinetische Potential $(T-V)$, der Differenz zwischen kinetischer und potentieller Energie. Die Variable L^* besteht aus der Summe der Energien, die dem System zugeführt werden.

Die partiellen Ableitungen erfolgen jeweils nach einer Variablen q_i, die einen Freiheitsgrad des Systems repräsentiert. Bei einer Anzahl an Freiheitsgraden n entsteht durch die Ausführung der oben dargestellten Operationen ein System aus n Differentialgleichungen.

Die uneingeschränkte Gültigkeit der Euler-Lagrange-Gleichung birgt gerade für die Beschreibung von mechatronischen Systemen große Vorteile, da es sich beim Gesamtsystem häufig um eine Kombination aus elektrischen, mechanischen oder auch hydraulischen Systemen handelt. Durch die Beschreibung nach Euler-Lagrange werden die Wechselwirkungen zwischen die Systemen in gekoppelte Differentialgleichungen überführt.

Das Maschinenmodell kann über die Euler-Lagrange-Gleichung gemäß [23] in das nachfolgende Gleichungssystem überführt werden:

$$\begin{bmatrix} U_a \\ U_b \\ U_c \\ \ldots \\ U_F \end{bmatrix} = \begin{bmatrix} R_{11} & 0 & 0 & \vdots & 0 \\ 0 & R_{22} & 0 & \vdots & 0 \\ 0 & 0 & R_{33} & \vdots & 0 \\ & & \ldots & & \\ 0 & 0 & 0 & \vdots & R_F \end{bmatrix} \begin{bmatrix} I_a \\ I_b \\ I_c \\ \ldots \\ I_F \end{bmatrix} +$$

$$\frac{d}{dt} \begin{bmatrix} M_{11} & M_{12} & M_{13} & \vdots & M_{14} \\ M_{21} & M_{22} & M_{23} & \vdots & M_{24} \\ M_{31} & M_{32} & M_{33} & \vdots & M_{34} \\ & & \ldots & & \\ M_{41} & M_{42} & M_{44} & \vdots & M_{44} \end{bmatrix} \begin{bmatrix} I_a \\ I_b \\ I_c \\ \ldots \\ I_F \end{bmatrix}$$ (6.2)

$$\frac{d}{dt} J_\Sigma \ddot{\chi} + D \frac{d\chi}{dt} = m_L +$$

$$\frac{1}{2} \begin{bmatrix} I_a & I_b & I_c & \vdots & I_F \end{bmatrix} \frac{\partial}{\partial \chi} \begin{bmatrix} M_{11} & M_{12} & M_{13} & \vdots & M_{14} \\ M_{21} & M_{22} & M_{23} & \vdots & M_{24} \\ M_{31} & M_{32} & M_{33} & \vdots & M_{34} \\ & & \ldots & & \\ M_{41} & M_{42} & M_{44} & \vdots & M_{44} \end{bmatrix} \begin{bmatrix} I_a \\ I_b \\ I_c \\ \ldots \\ I_F \end{bmatrix}$$

Die oben stehenden elektrischen Gleichungen beschreiben die Spannungsgleichungen eines jeden Wicklungsstranges. Aus Gründen der Darstellung werden sowohl die Zustandsgrößen als auch die Modellparameter mit Großbuchstaben bezeichnet. Es handelt sich jedoch nicht um zeitlich konstante, sondern um dynamische Größen, was insbesondere für die Zustandsgrößen des Modells I_a, I_b, I_c und χ gilt. Aber auch die Modellparameter sind nicht zwangsläufig zeitlich konstant, wodurch beispielsweise die Berücksichtigung von Sättigungseffekten ermöglicht wird.

Das allgemeingültige Gleichungssystem beinhaltet zudem eine Spannungsgleichung für die Berücksichtigung einer Erregerwicklung im Rotor. Diese wird dann im weiteren Verlauf umgeformt, um letztlich den speziellen Fall einer permanenterregten Maschine abzubilden. Durch gepunktete Linien werden in Gl. 6.2 bereits Untermatrizen angedeutet, durch die das Gleichungssystem in die übersichtlichere Hypermatrizendarstellung überführt werden kann.

$$\begin{bmatrix} [U_s] \\ [U_r] \end{bmatrix} = \begin{bmatrix} [R_s] & [0] \\ [0] & [R_r] \end{bmatrix} \cdot \begin{bmatrix} [I_s] \\ [I_r] \end{bmatrix} + \frac{d}{dt} \begin{bmatrix} [M_{ss}] & [M_{sr}] \\ [M_{rs}] & [M_{rr}] \end{bmatrix} \begin{bmatrix} [I_s] \\ [I_r] \end{bmatrix} \qquad (6.3)$$

$$\frac{d}{dt} J \dot{\chi} + D \frac{d\chi}{dt} = \frac{1}{2} \begin{bmatrix} [I_s]^T & [I_r]^T \end{bmatrix} \frac{\partial}{\partial \chi} \begin{bmatrix} [M_{ss}] & [M_{sr}] \\ [M_{rs}] & [M_{rr}] \end{bmatrix} \begin{bmatrix} [I_s] \\ [I_r] \end{bmatrix} + m_L \qquad (6.4)$$

Dieses Gleichungssystem dient als Ausgangspunkt für die nun folgende Herleitung der Maschinengleichungen. Die Untermatrizen beschreiben einzelne Subsysteme der Maschine. Beispielsweise sind in der Matrix M_{ss} die Induktivitäten des Stators und deren magnetische Wechselwirkung untereinander beschrieben, in der Matrix M_{sr} wird entsprechend die Wechselwirkung zwischen Rotor und Stator modelliert. Die Induktivitäten M_{ii} beschreiben hierbei die Eigeninduktivität der Wicklung, M_{ij} wiederum die jeweiligen Koppel- bzw. Gegeninduktivitäten.

Der Ursprung nach Euler-Lagrange ist in den Gleichungen des elektromechanischen Moments noch zu erkennen. Der Faktor $\frac{1}{2}$ entstammt hier dem Ansatz über die Kinetische Energien, die partielle Ableitung nach χ entstand durch die Anwendung der Berechnungsvorschrift nach Gl. 6.1.

6.3.1 Kopplungsmatrix $[M_{ss}]$

Unter der Voraussetzung, dass der Rotor symmetrisch angeordnete ausgeprägte Pole aufweist und sich entlang des Luftspalts ein durch die Statorwicklungen erregter sinusförmiger Verlauf der Durchflutung einstellt, können die Koeffizienten der Kopplungsmatrix des Stators als cosinusförmige Funktionen dargestellt werden. Da jede Wicklung des Stators aufgrund der Rotorgeometrie pro elektrischer Rotorumdrehung zwei Mal die gleiche Situation durchläuft, verändern sich die Statorinduktivitäten mit der doppelten Drehfrequenz.

Der qualitative Verlauf der Koeffizienten ist in Abb. 6.4 für den Fall einer Maschine dargestellt, bei der die Längsinduktivität kleiner ist als die Querinduktivität. Dies trifft auf die in dieser Arbeit betrachtete Maschine mit vergrabenen Magneten zu (vgl. A.1).

Einsparungen bei der Konstruktion führen im industriellen Bereich oftmals dazu, dass der durch den Stator erregte Feldverlauf nicht ideal sinusförmig ist. Dies kann beispielsweise durch kleine Windungszahlen pro Strang und Pol oder aber eine geringe Nutanzahl im Stator (konzentrierte, nicht verteilte Wicklung) hervorgerufen werden. In einem solchen Fall müssen die Koeffizienten der Matrix um die entsprechenden Oberwellen der Fourierreihe erweitert werden.

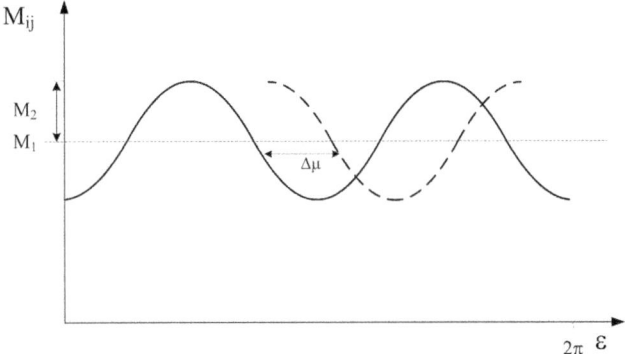

Abbildung 6.4: Qualitativer Verlauf der Induktivitätskoeffizienten der Matrix- M_{ss} für den Fall eines durch die Statorwicklungen erregten, sinusförmigen Feldverlaufs im Luftspalt

Die allgemeine Beschreibung der Koeffizienten als Fourierreihe ist hierbei in jedem Fall möglich, da die Verläufe über eine umlauffrequente Periodizität verfügen. Die Koeffizienten der Matrix M_{ss} ergeben sich unter der Voraussetzung magnetischer Symmetrie für den Fall der IPM-Maschine ($L_d < L_q$) wie folgt:

$$\begin{aligned}
M_{11} &= L_{\sigma 1} + M_1 + M_2 \cos(2\varepsilon) + \sigma_{11}(\varepsilon) \\
M_{22} &= L_{\sigma 1} + M_1 + M_2 \cos(2(\varepsilon - \frac{2\pi}{3})) + \sigma_{22}(\varepsilon) \\
M_{33} &= L_{\sigma 1} + M_1 + M_2 \cos(2(\varepsilon + \frac{2\pi}{3})) + \sigma_{33}(\varepsilon) \\
M_{12} = M_{21} &= -\frac{1}{2}M_1 + M_2 \cos(2(\varepsilon + \frac{2\pi}{3})) + \sigma_{12}(\varepsilon) \\
M_{13} = M_{31} &= -\frac{1}{2}M_1 + M_2 \cos(2(\varepsilon - \frac{2\pi}{3})) + \sigma_{13}(\varepsilon) \\
M_{23} = M_{32} &= -\frac{1}{2}M_1 + M_2 \cos(2\varepsilon) + \sigma_{23}(\varepsilon)
\end{aligned} \quad (6.5)$$

Die Terme σ_{ij} beschreiben die auftretenden restlichen Glieder der Fourierreihe. Bei einer Umkehrung der Induktivitätsverhältnisse ($Ld > Lq$) führt dies bei allen Koeffizienten zu einer Phasenverschiebung der Cosinus-Funktionen um 180°. Diese ist beispielsweise bei einer Synchronmaschine der Fall, in der der Rotor als Schenkelpolläufer ausgeführt ist.

Zur weiteren Auflösung des resultierenden Gleichungssystems wird gemäß Gl. 6.3 und 6.4 zum einen die zeitliche Ableitung, zum anderen auch die differentielle Ableitung nach dem elektrischen Winkel ε gefordert.

Nach einer zeitlichen Ableitung, durch einen Punkt über der Größe gekennzeichnet, ergeben sich die Koeffizienten wie folgt:

$$\begin{aligned}
\dot{M}_{11} &= -2\omega M_2 \sin(2\varepsilon) + \dot{\sigma}_{11} \\
\dot{M}_{22} &= -2\omega M_2 \sin(2(\varepsilon - \frac{2\pi}{3})) + \dot{\sigma}_{22} \\
\dot{M}_{33} &= -2\omega M_2 \sin(2(\varepsilon + \frac{2\pi}{3})) + \dot{\sigma}_{33} \\
\dot{M}_{12} = \dot{M}_{21} &= -2\omega M_2 \sin(2(\varepsilon + \frac{2\pi}{3})) + \dot{\sigma}_{12} \\
\dot{M}_{13} = \dot{M}_{31} &= -2\omega M_2 \sin(2(\varepsilon - \frac{2\pi}{3})) + \dot{\sigma}_{13} \\
\dot{M}_{23} = \dot{M}_{32} &= -2\omega M_2 \sin(2\varepsilon) + \dot{\sigma}_{23}
\end{aligned} \qquad (6.6)$$

Mit der Bedingung $\sigma_{ii}(\varepsilon) = 0$ folgt die folgende Vereinfachung:

$$\begin{aligned}
\dot{M}_{11} &= \dot{M}_{23} = \dot{M}_{32} \\
\dot{M}_{22} &= \dot{M}_{13} = \dot{M}_{31} \\
\dot{M}_{33} &= \dot{M}_{12} = \dot{M}_{21}
\end{aligned} \qquad (6.7)$$

Die Ableitung der Stator-Kopplungsinduktivitäts-Matrix führt auf den folgenden Ausdruck:

$$\frac{d}{dt}[M_{ss}] = -2\omega M_2 \begin{bmatrix} \sin(2\varepsilon) & \sin(2(\varepsilon + \frac{2\pi}{3})) & \sin(2(\varepsilon - \frac{2\pi}{3})) \\ \sin(2(\varepsilon + \frac{2\pi}{3})) & \sin(2(\varepsilon - \frac{2\pi}{3})) & \sin(2\varepsilon) \\ \sin(2(\varepsilon - \frac{2\pi}{3})) & \sin(2\varepsilon) & \sin(2(\varepsilon + \frac{2\pi}{3})) \end{bmatrix} \qquad (6.8)$$

Da die Koeffizienten ausschließlich über trigonometrische Funktionen beschrieben werden, gilt für die Berechnung der partiellen Ableitungen der folgende Ausdruck:

$$\dot{M}_{ii} = \omega \frac{\partial}{\partial \varepsilon} M_{ii} \qquad (6.9)$$

6.3.2 Kopplungsmatrizen $[M_{sr}]$ und $[M_{rs}]$

Die Hypermatrizen $[M_{sr}]$ und $[M_{rs}]$ aus Gl. 6.3 und 6.4 beschreiben die Wechselwirkung zwischen Rotor und Stator über den magnetischen Verkettungsfluss. Aufgrund der magnetischen Symmetrie sind M_{sr} und M_{rs} identisch.

Die Koeffizienten der Matrizen können wiederum analytisch mit Cosinus-Funktionen beschrieben werden. Auch hier gilt, dass eine Erweiterung der Koeffizienten durch weitere Fourier-Glieder notwendig sein kann, falls die ideale Grundwellenkopplung aufgrund des konstruktiven Aufbaus nicht eingehalten wird.

Wichtiger Unterschied im Vergleich mit den Statorkoeffizienten der Hypermatrix M_{ss} ist die Abhängigkeit der Koppelinduktivitäten von der einfachen elektrischen Rotorposition. Nach [23] ergeben sich die Koeffizienten wie folgt:

$$[M_{sr}] = [M_{rs}]^T = \begin{bmatrix} M_3 \cos(\varepsilon) + \sigma_{14} \\ M_3 \cos(\varepsilon - \frac{2\pi}{3}) + \sigma_{24} \\ M_3 \cos(\varepsilon + \frac{2\pi}{3}) + \sigma_{34} \end{bmatrix} \qquad (6.10)$$

Für die zeitliche sowie differentielle Ableitung der Matrix gilt das Gleiche wie für die Matrix $[M_{ss}]$. Unter der Annahme rein cosinusförmiger Feldverläufe ergibt sich:

$$\frac{d}{dt}[M_{sr}] = \frac{d}{dt}[M_{rs}]^T = \omega \frac{\partial}{\partial \varepsilon}[M_{sr}] = -\omega M_3 \begin{bmatrix} \sin(\varepsilon) \\ \sin(\varepsilon - \frac{2\pi}{3}) \\ \sin(\varepsilon + \frac{2\pi}{3}) \end{bmatrix} \qquad (6.11)$$

6.3.3 Kopplungsmatrix $[M_{rr}]$

Bei der in Gl. 6.3 und 6.4 beschriebenen Hypermatrix $[M_{rr}]$ handelt es sich um eine eindimensionale Matrix, welche die Eigeninduktivität der Erregerwicklung repräsentiert. Unter der Voraussetzung eines symmetrischen Aufbaus des Stators ist die Eigeninduktivität unabhängig von der Rotorposition und damit ebenfalls keiner zeitlichen Änderung unterworfen. Es ergibt sich:

$$\begin{aligned} [M_{rr}] &= M_{44} = const \\ \dot{M}_{44} &= \frac{\partial}{\partial \varepsilon} M_{44} = 0 \end{aligned} \qquad (6.12)$$

6.3.4 Induzierte Spannung

Zur Herleitung der Spannungsgleichungen muss zunächst die zeitliche Ableitung des Matrizenproduktes aus Gl. 6.3 gebildet werden. Hierzu wird die Kettenregel wie folgt angewendet:

$$\frac{d}{dt}\begin{bmatrix}[M_{ss}] & [M_{sr}]\\ [M_{rs}] & [M_{rr}]\end{bmatrix}\cdot\begin{bmatrix}[I_s]\\ [I_r]\end{bmatrix}=\begin{bmatrix}[\dot{M}_{ss}] & [\dot{M}_{sr}]\\ [\dot{M}_{rs}] & [0]\end{bmatrix}\cdot\begin{bmatrix}[I_s]\\ [I_r]\end{bmatrix}+\begin{bmatrix}[M_{ss}] & [M_{sr}]\\ [M_{rs}] & [M_{rr}]\end{bmatrix}\cdot\begin{bmatrix}[\dot{I}_s]\\ [\dot{I}_r]\end{bmatrix}$$

Die Multiplikation der zeitlichen Ableitung der Kopplungsmatrix mit dem Stromvektor ergibt die in der Maschine induzierte Gegenspannung Ui_ν, mit $\nu = (a,b,c)$. Aufgrund der zeitlichen Unabhängigkeit der Rotor-Eigeninduktivität liefert diese den Beitrag Null.

$$\begin{bmatrix}Ui_a\\ Ui_b\\ Ui_c\\ Ui_F\end{bmatrix}=\begin{bmatrix}\dot{M}_{11} & \dot{M}_{33} & \dot{M}_{22} & \dot{M}_{41}\\ \dot{M}_{33} & \dot{M}_{22} & \dot{M}_{11} & \dot{M}_{42}\\ \dot{M}_{22} & \dot{M}_{11} & \dot{M}_{33} & \dot{M}_{43}\\ \dot{M}_{41} & \dot{M}_{42} & \dot{M}_{43} & 0\end{bmatrix}\begin{bmatrix}I_a\\ I_b\\ I_c\\ I_F\end{bmatrix} \qquad (6.13)$$

Fortan soll die Fremderregung mit dem Strom I_F durch die Permanenterregung ersetzt werden. Hierzu wird der durch die Magneten erzeugte verkette Fluss Ψ_{pm} eingeführt:

$$\Psi_{pm} = M_3 I_F \qquad (6.14)$$

Im Falle der Permanenterregung entfällt die Spannungsgleichung des Rotors und es verbleiben die Gleichungen des Stators. Durch das Einsetzen der Gl. 6.14 in die Gl. 6.13 sowie Entfall der Rotorgleichung ergibt sich die nachfolgende Darstellung für die induzierten Spannungen:

$$\begin{bmatrix}Ui_a\\ Ui_b\\ Ui_c\end{bmatrix}=\begin{bmatrix}\dot{M}_{11} & \dot{M}_{33} & \dot{M}_{22}\\ \dot{M}_{33} & \dot{M}_{22} & \dot{M}_{11}\\ \dot{M}_{22} & \dot{M}_{11} & \dot{M}_{33}\end{bmatrix}\begin{bmatrix}I_a\\ I_b\\ I_c\end{bmatrix}+\omega\begin{bmatrix}\Psi_a\\ \Psi_b\\ \Psi_c\end{bmatrix} \qquad (6.15)$$

mit

$$\begin{bmatrix}\Psi_a\\ \Psi_b\\ \Psi_c\end{bmatrix}=-\Psi_{pm}\begin{bmatrix}\sin(\varepsilon)\\ \sin(\varepsilon-\frac{2\pi}{3})\\ \sin(\varepsilon+\frac{2\pi}{3})\end{bmatrix} \qquad (6.16)$$

Der erste Term der rechten Seite von Gl. 6.15 entsteht durch die Reluktanz der Maschine. Ist diese im Fall von $L_d = L_q$ nicht vorhanden, wird die Spannung lediglich durch die Permanenterregung induziert. Verfügt die Maschine über gar keine Erregung, wird die induzierte Spannung und damit das Drehmoment ausschließlich durch den Reluktanzanteil hervorgerufen.

Die resultierenden Spannungsgleichungen ergeben sich in der Hypermatrizendarstellung wie folgt:

$$\begin{bmatrix} U_a \\ U_b \\ U_c \end{bmatrix} = \begin{bmatrix} [R_a] \\ [R_b] \\ [R_c] \end{bmatrix} \cdot \begin{bmatrix} I_a \\ I_b \\ I_c \end{bmatrix} + \begin{bmatrix} [M_a] \\ [M_b] \\ [M_c] \end{bmatrix} \begin{bmatrix} \dot{I}_a \\ \dot{I}_b \\ \dot{I}_c \end{bmatrix} + \begin{bmatrix} Ui_a \\ Ui_b \\ Ui_c \end{bmatrix} \quad (6.17)$$

mit:

$$\begin{matrix} [R_a] \\ [R_b] \\ [R_c] \end{matrix} = \begin{bmatrix} R_{11} & 0 & 0 \\ 0 & R_{22} & 0 \\ 0 & 0 & R_{33} \end{bmatrix} \quad (6.18)$$

$$\begin{matrix} [M_a] \\ [M_b] \\ [M_c] \end{matrix} = \begin{bmatrix} M_{11} & M_{12} & M_{13} \\ M_{21} & M_{22} & M_{23} \\ M_{31} & M_{32} & M_{33} \end{bmatrix} \quad (6.19)$$

Bei den Hypermatrizen der Widerstands- sowie Induktivitätsmatrix handelt es sich um 1×3 Zeilenvektoren mit den Koeffizienten der Hypermatrix M_{ss} aus Gl. 6.6.

6.3.5 Elektromechanisches Drehmoment der Maschine

Das elektromechanische Moment ist nach Gleichung 6.20 wie folgt definiert:

$$m_{el} = \frac{Z_p}{2} \begin{bmatrix} I_a & I_b & I_c & \vdots & I_F \end{bmatrix} \frac{\partial}{\partial \varepsilon} \begin{bmatrix} M_{11} & M_{12} & M_{13} & \vdots & M_{14} \\ M_{21} & M_{22} & M_{23} & \vdots & M_{24} \\ M_{31} & M_{32} & M_{33} & \vdots & M_{34} \\ \cdots & \cdots & \cdots & & \\ M_{41} & M_{42} & M_{44} & \vdots & M_{44} \end{bmatrix} \begin{bmatrix} I_a \\ I_b \\ I_c \\ \cdots \\ I_F \end{bmatrix} \quad (6.20)$$

Die partielle Ableitung nach dem Winkel ε kann nach Gl. 6.9 über die zeitliche Ableitung

KAPITEL 6: BETRIEB MIT ROTORGESTEUERTEM DREHSPANNUNGSSYSTEM

der Induktivitätsmatrix dargestellt werden. Dies führt zu folgendem Ausdruck:

$$m_{el} = \frac{Z_p}{2} \begin{bmatrix} I_a & I_b & I_c & \vdots & I_F \end{bmatrix} \frac{1}{\omega} \begin{bmatrix} \dot{M}_{11} & \dot{M}_{33} & \dot{M}_{22} & \dot{M}_{41} \\ \dot{M}_{33} & \dot{M}_{22} & \dot{M}_{11} & \dot{M}_{42} \\ \dot{M}_{22} & \dot{M}_{11} & \dot{M}_{33} & \dot{M}_{43} \\ \dot{M}_{41} & \dot{M}_{42} & \dot{M}_{43} & 0 \end{bmatrix} \begin{bmatrix} I_a \\ I_b \\ I_c \\ \cdots \\ I_F \end{bmatrix} \quad (6.21)$$

Nun wird, wie bereits in den Spannungsgleichungen, die Fremderregung des Rotors gemäß Gl. 6.14 durch eine Permanenterregung ersetzt. Dies führt in den obigen Gleichungen zur Eliminierung des Rotorstroms, womit das jeweilige Ausmultiplizieren der Matrizen $[\dot{M}_{rs}]$ und $[\dot{M}_{rs}]$ mit den beiden Stromvektoren den gleichen Beitrag zum Drehmoment ergibt. Für den permanentflussabhängigen Anteil entfällt hierdurch der Faktor $\frac{1}{2}$.

Der aufgelöste Ausdruck aus Gl. 6.21 kann dann erneut in die Matrizendarstellung überführt werden, in der das Reluktanzmoment und das durch den Permanentfluss hervorgerufene Moment getrennt dargestellt werden:

$$m_{el} = Z_p \begin{bmatrix} I_a & I_b & I_c \end{bmatrix} \left\{ \frac{1}{2\omega} \begin{bmatrix} \dot{M}_{11} & \dot{M}_{33} & \dot{M}_{22} \\ \dot{M}_{33} & \dot{M}_{22} & \dot{M}_{11} \\ \dot{M}_{22} & \dot{M}_{11} & \dot{M}_{33} \end{bmatrix} \begin{bmatrix} I_a \\ I_b \\ I_c \end{bmatrix} + \begin{bmatrix} \Psi_a \\ \Psi_b \\ \Psi_c \end{bmatrix} \right\} \quad (6.22)$$

Durch die Gl. 6.15 kann das Drehmoment ebenfalls über die induzierten Spannungen dargestellt werden. Alternativ ergibt sich somit der folgende Ausdruck:

$$m_{el} = \frac{1}{\chi} \begin{bmatrix} I_a & I_b & I_c \end{bmatrix} \left\{ \frac{1}{2} \begin{bmatrix} Uir_a \\ Uir_b \\ Uir_c \end{bmatrix} + \begin{bmatrix} Uip_a \\ Uip_b \\ Uip_c \end{bmatrix} \right\} \quad (6.23)$$

Die durch den Reluktanzeffekt induzierten Spannungen $[Uir]$ gehen somit lediglich halb so stark wie die synchronen Spannungen $[Uip]$ in das resultierende Drehmoment ein.

6.4 Nullstrom-kompensiertes Maschinenmodell

Die bisher aufgestellten Spannungsgleichungen berücksichtigen noch nicht die Verschaltung der Statorwicklungen. Bisher beschreiben die Spannungsgleichungen drei voneinander unabhängige Spannungsquellen, deren Netzwerke durch die winkelabhängigen Koppelinduktivitäten gekoppelt sind. Somit liegt keine galvanische Verbindung zwischen den elektrischen Netzwerken vor, was im Falle der in dieser Arbeit betrachteten Sternschaltung jedoch der Fall ist.

Wichtig ist deren Berücksichtigung, um bei dynamisch auftretenden Spannungsunsymmetrien durch numerische Ungenauigkeiten während der Simulation des Kommutierungsvorgangs zu jedem Zeitpunkt die Erfüllung der Kirchhoffschen-Gleichungen $I_a + I_b + I_c \stackrel{!}{=} 0$ sicherzustellen. Spannungsunsymmetrien können jedoch ebenfalls physikalisch durch eine unsymmetrische Einspeisung oder auch Feldoberwellen entstehen. Das Ersatzschaltbild des kompletten elektrischen Netzwerks ist in Abb. 6.5 dargestellt.

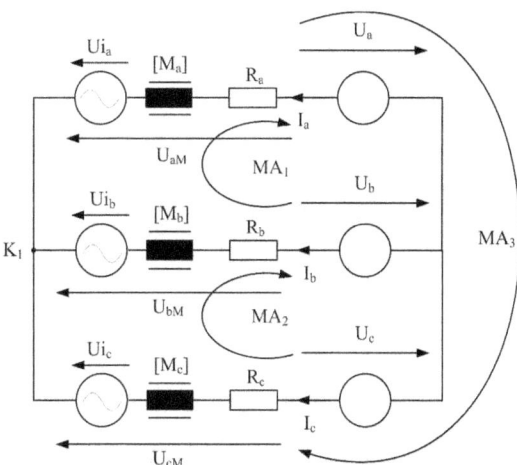

Abbildung 6.5: Galvanische Kopplung der Netzwerke und die damit verbundene Einführung der Maschen $MA_{1,2,3}$ sowie des Knotens K_1

Die Sternschaltung der Statorwicklungen führt zu drei Maschen sowie einer Knotengleichung:

$$MA_1: \quad [U_a - U_b] = ([R_a] - [R_b])[I] + ([M_a] - [M_b])[\dot{I}] + [Ui_a - Ui_b] \quad (6.24)$$
$$MA_2: \quad [U_b - U_c] = ([R_b] - [R_c])[I] + ([M_b] - [M_c])[\dot{I}] + [Ui_b - Ui_c] \quad (6.25)$$
$$MA_3: \quad [U_c - U_a] = ([R_c] - [R_a])[I] + ([M_c] - [M_a])[\dot{I}] + [Ui_c - Ui_a] \quad (6.26)$$
$$K_1: \quad I_a = -I_b - I_c \quad (6.27)$$

Die drei Maschengleichungen führen zu einem transformierten Gleichungssystem dritter Ordnung. In das entstandene Gleichungssystem wird nun in die erste Spannungsgleichung die Knotenbedingung eingesetzt. Das Gleichungssystem berechnet sich wie folgt:

$$\begin{bmatrix} \Delta U_{ab} \\ \Delta U_{bc} \\ \Delta U_{ca} \end{bmatrix} = \begin{bmatrix} [\Delta R_{ab}] \\ [\Delta R_{bc}] \\ [\Delta R_{ca}] \end{bmatrix} \begin{bmatrix} I_a \\ I_b \\ I_c \end{bmatrix} + \frac{d}{dt} \left\{ \begin{bmatrix} [\Delta M_{ab}] \\ [\Delta M_{bc}] \\ [\Delta M_{ca}] \end{bmatrix} \begin{bmatrix} I_a \\ I_b \\ I_c \end{bmatrix} \right\} + \begin{bmatrix} \Delta Uip_{ab} \\ \Delta Uip_{bc} \\ \Delta Uip_{ca} \end{bmatrix} \quad (6.28)$$

mit:

$$\begin{bmatrix} [\Delta R_{ab}] \\ [\Delta R_{bc}] \\ [\Delta R_{ca}] \end{bmatrix} = \begin{bmatrix} 0 & -(R_b + R_a) & -R_a \\ 0 & R_b & -R_c \\ -R_a & 0 & R_c \end{bmatrix} \quad (6.29)$$

$$\begin{bmatrix} [\Delta M_{ab}] \\ [\Delta M_{bc}] \\ [\Delta M_{ca}] \end{bmatrix} = \begin{bmatrix} 0 & (2M_{12} - M_{22} - M_{11}) & (M_{13} - M_{23} - M_{11} + M_{21}) \\ (M_{21} - M_{31}) & (M_{22} - M_{32}) & (M_{23} - M_{33}) \\ (M_{31} - M_{11}) & (M_{32} - M_{12}) & (M_{33} - M_{13}) \end{bmatrix}$$

Bei den induzierten Spannungen ΔUip_ν mit $\nu = (ab, bc, ca)$ handelt es sich um die jeweiligen Differenzen der induzierten Polradspannungen in den Strängen. Den induzierte Reluktanzanteil ergibt sich durch die analoge Ausführung der in Abschnitt 6.3.4 durchgeführten Rechenoperationen.

6.4.1 Systemgleichungen in rotororientierter Darstellung

Das hergeleitete Gleichungssystem aus Gl. 6.28 kann durch die von R.H. Park erstmals publizierte Transformation ([3],[4]) in einem rotororientierten Koordinatensystem dargestellt werden. Dazu wird das Gleichungssystem aus Gl. 6.28 wie folgt transformiert:

$$[T] \begin{bmatrix} \Delta U_{ab} \\ \Delta U_{bc} \\ \Delta U_{ca} \end{bmatrix} = [T] \begin{bmatrix} [\Delta R_{ab}] \\ [\Delta R_{bc}] \\ [\Delta R_{ca}] \end{bmatrix} \begin{bmatrix} I_a \\ I_b \\ I_c \end{bmatrix} + \quad (6.30)$$

$$[T]\frac{d}{dt}\left\{ \begin{bmatrix} [\Delta M_{ab}] \\ [\Delta M_{bc}] \\ [\Delta M_{ca}] \end{bmatrix} \begin{bmatrix} I_a \\ I_b \\ I_c \end{bmatrix} \right\} + [T] \begin{bmatrix} \Delta Uip_{ab} \\ \Delta Uip_{bc} \\ \Delta Uip_{ca} \end{bmatrix}$$

mit:

$$[T] = \frac{2}{3} \begin{bmatrix} \frac{1}{\sqrt{2}} & \frac{1}{\sqrt{2}} & \frac{1}{\sqrt{2}} \\ \cos(\varepsilon) & \cos(\varepsilon - \frac{2\pi}{3}) & \cos(\varepsilon + \frac{2\pi}{3}) \\ -\sin(\varepsilon) & -\sin(\varepsilon - \frac{2\pi}{3}) & -\sin(\varepsilon + \frac{2\pi}{3}) \end{bmatrix} \quad (6.31)$$

$$[E] = [T][T]^{-1} \quad (6.32)$$

$$[T]^{-1} = [T]^T \quad (6.33)$$

Die Multiplikation der Transformationsmatrix mit dem zeitlichen Ableitungsterm kann unter Anwendung der Produktregel durch das folgende Gleichungssystem dargestellt werden:

$$[T]\frac{d}{dt}\left\{ \begin{bmatrix} [\Delta M_{ab}] \\ [\Delta M_{bc}] \\ [\Delta M_{ca}] \end{bmatrix} \begin{bmatrix} I_a \\ I_b \\ I_c \end{bmatrix} \right\} \quad (6.34)$$

$$= \frac{d}{dt}\left\{ [T] \begin{bmatrix} [\Delta M_{ab}] \\ [\Delta M_{bc}] \\ [\Delta M_{ca}] \end{bmatrix} \begin{bmatrix} I_a \\ I_b \\ I_c \end{bmatrix} \right\} - [\dot{T}] \begin{bmatrix} [\Delta M_{ab}] \\ [\Delta M_{bc}] \\ [\Delta M_{ca}] \end{bmatrix} \begin{bmatrix} I_a \\ I_b \\ I_c \end{bmatrix}$$

Die finalen Matrizen im rotororientierten Koordinatensystem ergeben sich wie folgt:

$$[\Delta I_{dq}] = [T][I] \tag{6.35}$$

$$[\Delta U_{dq}] = [T][\Delta U] \tag{6.36}$$

$$[\Delta Uip_{dq}] = [T][\Delta Uip] \tag{6.37}$$

$$[\Delta R_{dq}] = [T][R][T]^{-1} \tag{6.38}$$

$$[\Delta M_{dq}] = [T][\Delta M][T]^{-1} \tag{6.39}$$

$$[d\Delta M_{dq}] = [\dot{T}][\Delta M][T]^{-1} \tag{6.40}$$

Da das Gleichungssystem die explizite Berücksichtigung der Knotenbedingung aus Gl. 6.27 selbst bei unsymmetrischer Speisung zu jedem Zeitpunkt sicherstellt, resultiert für die Nullkomponente eine Abhängigkeit vom Rotorwinkel. Im folgenden werden die Ergebnisse der Matrizenoperationen als Funktion der bereits in Abschnitt 4.2 vorgestellten, aus der Literatur bekannten dq-Parameter angegeben:

$$[\Delta I_{dq}] = \begin{bmatrix} \Delta I_o & \Delta I_d & \Delta I_q \end{bmatrix}^T \tag{6.41}$$

$$[\Delta U_{dq}] = \sqrt{3}\begin{bmatrix} 0 & \frac{\sqrt{3}}{2}U_d - \frac{1}{2}U_q & \frac{1}{2}U_d + \frac{\sqrt{3}}{2}U_q \end{bmatrix}^T \tag{6.42}$$

$$[\Delta Uip_{dq}] = \sqrt{3}\begin{bmatrix} 0 & -\frac{1}{2}\omega\Psi_{pm} & \frac{\sqrt{3}}{2}\omega\Psi_{pm} \end{bmatrix}^T \tag{6.43}$$

$$[\Delta R_{dq}] = \begin{bmatrix} -R & 0 & 0 \\ \Delta R_{21}(\varepsilon) & \frac{3}{2}R & -\frac{\sqrt{3}}{2}R \\ \Delta R_{31}(\varepsilon) & \frac{\sqrt{3}}{2}R & \frac{3}{2}R \end{bmatrix} \tag{6.44}$$

$$[\Delta M_{dq}] = \begin{bmatrix} \Delta M_{11}(\varepsilon) & 0 & 0 \\ \Delta M_{21}(\varepsilon) & \frac{3}{2}L_d & -\frac{\sqrt{3}}{2}L_q \\ \Delta M_{31}(\varepsilon) & \frac{\sqrt{3}}{2}L_d & \frac{3}{2}L_q \end{bmatrix} \tag{6.45}$$

$$[d\Delta M_{dq}] = \begin{bmatrix} 0 & 0 & 0 \\ d\Delta M_{21}(\varepsilon) & \frac{\sqrt{3}}{2}L_d\omega & \frac{3}{2}L_q\omega \\ d\Delta M_{31}(\varepsilon) & -\frac{3}{2}L_d\omega & \frac{\sqrt{3}}{2}L_q\omega \end{bmatrix} \tag{6.46}$$

Der Zusammenhang zwischen den Stromvektoren $[\Delta I_{dq}]$ und $[I_{dq}]$ wird in Abschnitt 6.4.2 diskutiert.

Das Umstellen des Gleichungssystems 6.30 führt unter Zuhilfenahme der Beziehungen 6.31 sowie 6.35 bis 6.40 zu folgenden Ausdruck:

$$[\Delta U_{dq}] = \left[[\Delta R_{dq}] + [\Delta \dot{M}_{dq}] - [d\Delta M_{dq}]\right][\Delta I_{dq}] + [\Delta M_{dq}][\Delta \dot{I}_{dq}] + [\Delta U i p_{dq}] \quad (6.47)$$

Dieser Ausdruck kann durch unter Invertierung der Matrix $[\Delta M_{dq}]$ in die Zustandsraumdarstellung überführt werden:

$$[\Delta \dot{I}_{dq}] = -[\Delta M_{dq}]^{-1}\left\{[\Delta R_{dq}] + [\Delta \dot{M}_{dq}] - [d\Delta M_{dq}]\right\}[\Delta I_{dq}] \quad (6.48)$$
$$+ [\Delta M_{dq}]^{-1}\left\{[\Delta U_{dq}] - [\Delta U i p_{dq}]\right\}$$

An dieser Stelle stellt sich die Frage, inwiefern die Zustandsgröße ΔI_o im Gleichungssystem überhaupt benötigt wird, wo doch die Einhaltung der Knotenregel und der Maschenbedingungen zu jedem Zeitpunkt $\Sigma I = 0$ sicherstellt und, wie in Gl. 6.42 erkennbar, per Definition keinerlei Nullspannung existiert.

In der Tat nimmt die Zustandsgröße ΔI_o im Falle von zeitlich konstanten elektrischen Parametern $R, L_d, L_q...$ stets den Wert Null an. Diese Forderung gilt jedoch nicht für die zeitliche Ableitung der Zustandsgröße. Deren dynamische Veränderung sorgt letztlich dafür, dass die berechneten Ströme zu jedem beliebigen Zeitpunkt vollständig auf d- und q-Strom aufgeteilt sind. Es handelt sich somit um eine Art idealen Regler, der die zeitliche Ableitung von ΔI_o als Stellgröße nutzt, um stets dem Sollwert $\Delta I_o = 0$ zu folgen.

Auf eine weitere Auswertung der Matrizen wird hier verzichtet. Die sich ergebenden Ausdrücke, insbesondere hervorgerufen durch die von der Rotorposition abhängigen Koeffizienten der Nullkomponente und die notwendige Invertierung der Induktivitätsmatrix mit anschließender Matrizenmultiplikation, führen bei einer analytischen Auswertung zu sehr umfangreichen Ausdrücken.

6.4.2 Stationärer Zustand des Gleichungssystems

Der Grund für die Herleitung der Spannungsgleichungen bis zu diesem Punkt liegt in der angestrebten Beweisführung, dass im stationären Zustand $[\Delta \dot{I}_{dq}] = 0$ die Lösung des Gleichungssystems 6.47 in die Gl. 4.12 übergeht.

Um im eingeschwungenen Grundschwingungszustand den oberschwingungsfreien arithmetischen Mittelwert des Stromvektors $[\Delta I_{dq}]$ zu berechnen gilt der folgende Ansatz:

$$\frac{d}{dt}[\Delta I_{dq}] \stackrel{!}{=} 0 \tag{6.49}$$

Nun soll gezeigt werden, dass wenn sowohl die anliegende als auch die induzierte Spannung nullsystemfrei sind, der folgende Zusammenhang gilt:

$$[\Delta I_{dq}] = [I_{dq}] \tag{6.50}$$

Das bedeutet, dass in diesem Fall die berechneten Ströme des nullstromfreien Gleichungssystems mit denen aus der Literatur (z.B.[20] S.762ff.) bekannten, bereits in Gl. 4.12 genannten Gleichungen übereinstimmen müssen.

Durch die Bedingungen der Symmetrie und des stationären Zustands reduziert sich das Gleichungssystem aus 6.47 zu einem zweidimensionalen Gleichungssystem, bei dem der zeitliche Ableitungsterm verschwindet. Die zeitliche Ableitung der Matrix $[\Delta \dot{M}_{dq}]$ wird ebenfalls zu Null, da die zeitlich abhängigen Terme durch den Wegfall des Nullsystems eliminiert werden. Das verbleibende Gleichungssystem ergibt sich wie folgt:

$$[\Delta U_{dq}] - [\Delta U i p_{dq}] = \{[\Delta R_{dq}] - [d\Delta M_{dq}]\}[\Delta I_{dq}] \tag{6.51}$$

$$[\Delta U_\Delta] = [\Delta R M_{dq}][\Delta I_{dq}] \tag{6.52}$$

$$\sqrt{3} \begin{bmatrix} \frac{\sqrt{3}}{2}U_d - \frac{1}{2}U_q + \frac{1}{2}\omega\Psi_{pm} \\ \frac{1}{2}U_d + \frac{\sqrt{3}}{2}U_q - \frac{\sqrt{3}}{2}\omega\Psi_{pm} \end{bmatrix} = \begin{bmatrix} \frac{3}{2}R_s - \frac{\sqrt{3}}{2}L_d\omega & -\frac{\sqrt{3}}{2}R_s - \frac{3}{2}L_q\omega \\ \frac{\sqrt{3}}{2}R_s + \frac{3}{2}L_d\omega & \frac{3}{2}R_s - \frac{\sqrt{3}}{2}L_q\omega \end{bmatrix} \begin{bmatrix} \Delta I_d \\ \Delta I_q \end{bmatrix}$$

Unter Invertierung der Matrix $[\Delta R M_{dq}]$ lässt sich direkt der Stromvektor bestimmen:

$$[\Delta I_{dq}] = [\Delta R M_{dq}]^{-1}[\Delta U_\Delta] \tag{6.53}$$

mit:

$$[\Delta R M_{dq}]^{-1} = \frac{1}{6(R_s^2 + L_d L_q \omega^2)} \begin{bmatrix} 3R_s - \sqrt{3}L_q\omega & 3L_q\omega + \sqrt{3}R_s \\ 3L_d\omega + \sqrt{3}R_s & 3R_s - \sqrt{3}L_d\omega \end{bmatrix} \tag{6.54}$$

Die Multiplikation der invertierten Matrix mit dem Spannungsvektor $[\Delta U_\Delta]$ führt dann zum gewünschten Ergebnis:

$$\begin{bmatrix} \Delta I_d \\ \Delta I_q \end{bmatrix} = \frac{1}{R_s^2 + L_d L_q \omega^2} \begin{bmatrix} R_s U_d - L_q \Psi_{pm} \omega^2 + L_q U_q \omega \\ R_s U_q - R_s \Psi \omega - L_d U_d \omega \end{bmatrix} \qquad (6.55)$$

Hiermit wurde gezeigt, dass für die Beschreibung des stationären Grundschwingungsverhaltens des nullstromfreien Maschinenmodells ebenfalls die bekannte Betrachtung aus Gl. 4.12 verwendet werden kann. Somit können alle Erkenntnisse über das stationäre Verhalten aus Kapitel 4 auf das nullstromkompensierte Maschinenmodell übertragen werden.

Kapitel 7

Messtechnische Verifikation und Modellvalidierung

Im nun folgenden Kapitel wird zunächst der Prüfstand vorgestellt, mit dem das mechanische Kommutierungsverfahren untersucht wurde. Durch den Versuchsaufbau konnten die in Kapitel 4 durchgeführten Betrachtungen überprüft und das zeitliche Simulationsmodell aus dem Kapitel 6 auf seine Richtigkeit hin untersucht werden.

7.1 Versuchsaufbau

Der speziell konstruierte Prüfstand ist in Abb. 7.1 dargestellt. Im hinteren Bereich sind die Lastmaschine sowie der Prüfling dargestellt dessen Daten im Anhang A.1 angegeben sind. Beide Maschinen sind durch einen Zahnriemen mit der gemeinsamen Antriebswelle verbunden

An der linken Seite der Antriebswelle ist ein so genannter Kombigeber angebracht, in dem ein Resolver zur Drehzahlerfassung sowie ein hochauflösender SSI-Encoder zur Positionserfassung integriert sind.

Auf der rechten Seite der Welle ist eine Riemenscheibe angebracht, die über einen weiteren Zahnriemen mit der Welle der Kommutator-Funktionseinheit verbunden ist. Durch das Umfangsverhältnis der Riemenscheiben von Antriebswelle und Kommutatoreinheit wird die Polpaarzahl des Prüflings (hier $Z_p = 2$) berücksichtigt. Hierdurch dreht die Welle des Kommutators immer mit der elektrischen Winkelgeschwindigkeit ω. Für Prüflinge mit unterschiedlichen Polpaarzahlen kann somit immer die gleiche Kommutatorscheibe mit der Polpaarzahl $Z_p = 1$ verwendet werden, im Unterschied zur Abb. 5.9, in der eine Kommutatorscheibe mit $Z_p = 3$ dargestellt ist.

Der detaillierte Aufbau der Kommutator-Funktionseinheit ist in Abb.7.2 dargestellt. Der rotierende Teil der Funktionseinheit (6) ist starr mit der rotierenden Kommutatorscheibe (5) verbunden.

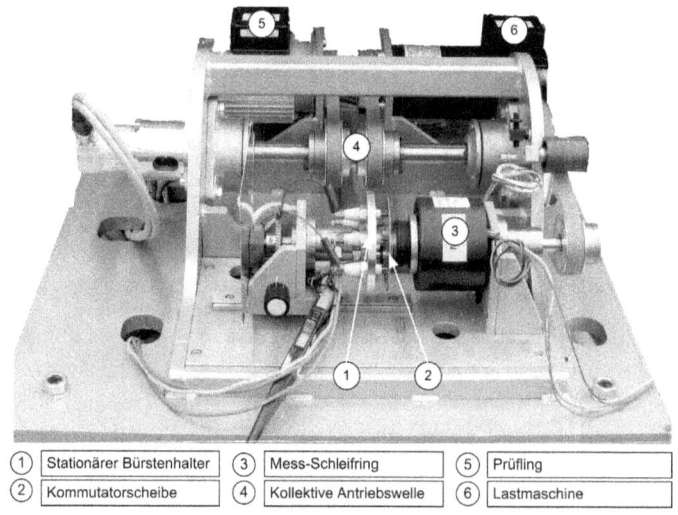

① Stationärer Bürstenhalter ③ Mess-Schleifring ⑤ Prüfling
② Kommutatorscheibe ④ Kollektive Antriebswelle ⑥ Lastmaschine

Abbildung 7.1: Versuchsaufbau zur Mechanischen Selbst Kommutierung

Auf der drehenden Welle sind Schleifringe für Messsignale (1) angebracht, mit denen Spannungssignale auf der rotierenden Kommutatorscheibe gemessen werden können. Transiente Vorgänge in den rotierenden Klemmdioden können hierdurch messtechnisch ermittelt werden.

Der feststehende Teil des Kommutators ist auf einem linear beweglichen Schlitten angebracht (4). Ein elektrisch angesteuerter Pneumatikzylinder bewegt den Schlitten vor und zurück. Er simuliert hierdurch das Schaltverhalten, welches ebenfalls bei einer elektromagnetisch realisierten Kommutator-Funktionseinheit benötigt wird (vgl. Abb. 1.3).

Auf dem Schlitten sind die feststehenden Bürsten (2) angebracht. Es handelt sich hierbei um sogenannte Zündkerzenbürsten, deren Anpresskraft durch integrierte Spiralfedern definiert ist. Die Trägerscheibe dieser Bürsten ist wiederum drehbar gelagert. Manuell betätigt durch das Einstellrad (3), führt eine Drehung der Trägerscheibe zu einer Einstellung des Phasenoffset $\Delta\varepsilon$.

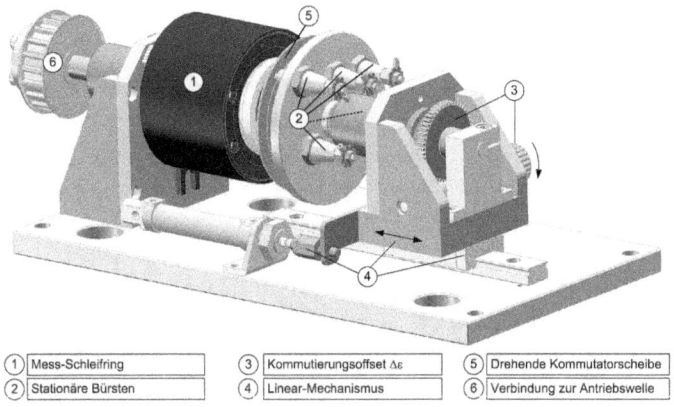

①	Mess-Schleifring	③	Kommutierungsoffset Δε	⑤	Drehende Kommutatorscheibe
②	Stationäre Bürsten	④	Linear-Mechanismus	⑥	Verbindung zur Antriebswelle

Abbildung 7.2: Detaillierter Aufbau des Testkommutators

7.2 Ausgewählte Messergebnisse

Die folgenden beiden Messreihen wurden ausgewählt, um sowohl eine Aussage über das stationäre Verhalten als auch die zeitlichen Verläufe von Strom und Spannung in den jeweiligen Betriebspunkten zu dokumentieren:

1. $U_{DC} = 100$ V, $\Delta\varepsilon = -15°$, $m_{el} = \{-2.3, -1.4, -0.3, 1.1, 2.1, 3.1\}$ Nm

2. $U_{DC} = 100$ V, $\Delta\varepsilon = 15°$, $m_{el} = \{-3.5, -2.5, -1.9, -1.3, -0.5, 0.3\}$ Nm

In den Abbildungen 4.10 bis 4.14 wurde bereits gezeigt, dass die Maschine bei Nennspannung nahezu keinen generatorischen Betriebsbereich aufweist.

Das generatorische Verhalten der Maschine ist jedoch für die Anwendung im Pitchsystem von großer Bedeutung (vgl. 2.1.3) und wird aus diesem Grund hier mit betrachtet. Um die Maschine aufgrund der Parametereigenschaften überhaupt im generatorischen Bereich untersuchen zu können, wurde sie nach Abb. 4.10, Bild (2,1), (2,2) mit einer geringen Gleichspannung von $U_{DC} = 100$ V betrieben.

7.2.1 Stationäre Kennlinien

In Abb. 7.3 werden die Mess- und Simulationsergebnisse für den ersten betrachteten Ansteuerungspunkt darstellt. Die durchgezogene grüne Linie entstammt hierbei den Betrachtungen aus Kapitel 4.3 für eine ideal sinusförmige Ansteuerung. Die DC-Spannung wurde für diese Berechnung auf 92% des in der Messung verwendeten Wertes reduziert, damit die Amplitude der sinusförmigen Drehspannung der Grundschwingung der MSK-Ansteuerung entspricht (vgl. Tab. 5.3).

Die blauen Datenkreuze entstammen der MSK-Simulation aus Kapitel 6. Hierzu wurden Simulationsreihen in den jeweiligen Drehmoment-Arbeitspunkten durchgeführt. Nach Erreichen des stationären Zustands wurden Mittelwerte über mehrere elektrische Perioden berechnet, die dann in einen repräsentativen Wert überführt werden konnten.

Diese Vorgehensweise wurde auch für die ins rotororientierte Koordinatensystem umgerechneten Größen (U_d, U_q, I_d, I_q) eingehalten. Die mechanische Drehzahl, der DC-Strom sowie das Drehmoment wurden durch entsprechende Messmittel erfasst.

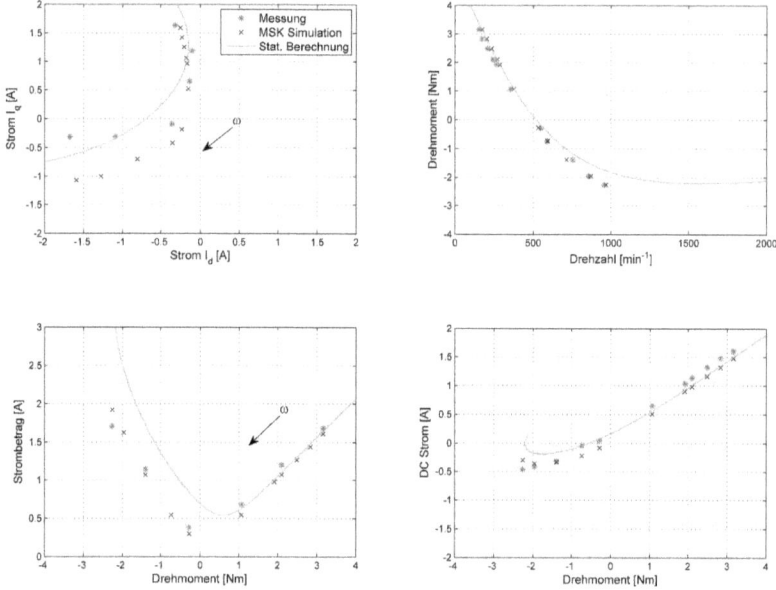

Abbildung 7.3: Darstellung der stationären Strom-, Drehmoment- und Drehzahl-Charakteristik für: $\Delta\varepsilon = -15°$, $U_{DC} = 100$ V

Im motorischen Drehmomentbereich ergibt sich eine sehr gute Übereinstimmung zwischen allen drei Datenquellen. Im generatorischen Bereich weichen die stationären Berechnungen zum Teil stark von den Simulations- und Messergebnissen ab. Die analytische Berechnung führt hier zu einer Erhöhung der Drehzahl schon bei geringen generatorischen Momenten. Dies wurde jedoch weder bei der MSK-Simulation noch der Messung beobachtet.

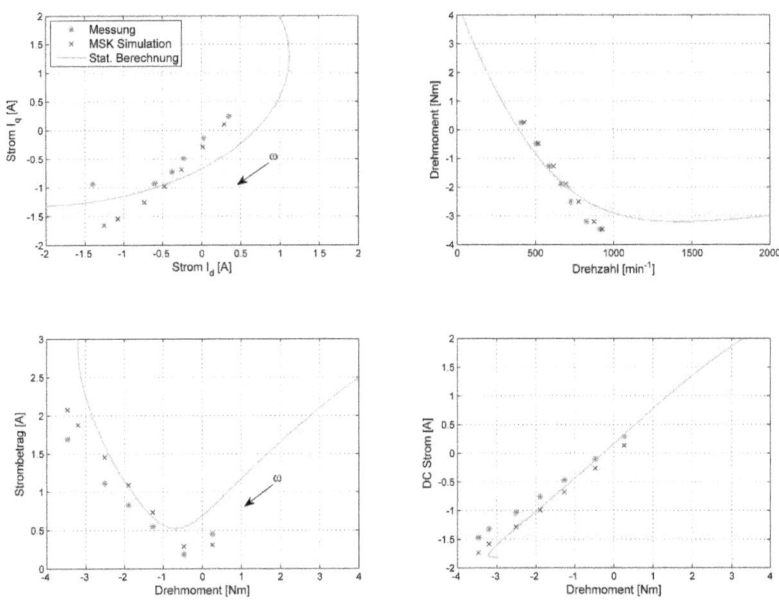

Abbildung 7.4: Darstellung der stationären Strom-, Drehmoment- und Drehzahl-Charakteristik für: $\Delta\varepsilon = 15°$, $U_{DC} = 100$ V

Im unteren Diagramm von Abb. 7.3 ist rechts der DC-Strom in Abhängigkeit des Drehmoments dargestellt. Im motorischen Bereich erkennt man beim gemessenen DC-Strom einen konstanten Messfehler. Diesen Messfehler erkennt man ebenfalls im linken Diagramm, in dem der Betrag des Stromraumzeigers dargestellt ist.

Bei der Phasenlage des Stromzeigers stimmen Simulation, Messung und analytische Berechnung ausschließlich im motorischen Bereich annähernd überein. Im generatorischen Bereich kommt es teilweise zu signifikanten Abweichungen, auch zwischen MSK Simulation und Messung. Zurückzuführen ist dies einerseits auf Ungenauigkeiten die durch eine berechnende Auswertung der Messdaten entsteht.

Zudem weisen die MSK-simulierten Zeitverläufe im stark generatorischen Betriebsbereich auch qualitative Unterschiede zu den gemessenen Signalen auf wie in Abb. 7.5 zu erkennen ist. Auch diese Abweichungen speziell im generatorischen Bereich führen zu einer Abweichung zwischen den Trajektorien von d- und q-Strom.

Auch Abb. 7.4 für $\Delta\varepsilon = 15°$ zeigt grundsätzlich eine gute Übereinstimmung zwischen Simulation und Messung. Der generatorische Betriebsbereich konnte aufgrund des positiven Phasenoffset im Vergleich zu $\Delta\varepsilon = -15°$ sogar noch vergrößert werden.

Die gezeigte Drehzahl-Drehmoment-Charakteristik erhält im hier betrachteten Falls eine Art Nebenschlussverhalten, bei dem die Drehzahl auch im generatorischen Bereich noch linear ansteigt.

Sowohl Abb. 7.3 als auch Abb. 7.4 machen deutlich, dass die stationären Gleichungen im d/q-Koordinatensystem für eine Beschreibung des Betriebsverhaltens nur bedingt geeignet sind. Zum einen liefern sie kaum eine Information über die genaue Phasenlage des Stromes im jeweiligen Betriebspunkt. Zum anderen sind sie nicht in der Lage, das Betriebsverhalten im generatorischen Betriebsbereich genau genug zu bestimmen.

Im motorischen Betriebsbereich stimmen jedoch Drehzahl-Drehmoment sowie Strom-Drehmoment Kennlinien in guter Näherung überein. Für diese in der Praxis wichtigen Eigenschaften liefern die in Kapitel 4 hergeleiteten Gleichungen somit eine in der Praxis vergleichsweise einfach zu berechnende Lösung.

7.2.2 Zeitverläufe

In den folgenden vier Abbildungen werden typische Zeitverläufe von Strom- und Spannung dargestellt um einen Eindruck über die auftretenden Signalverläufe zu vermitteln. Die

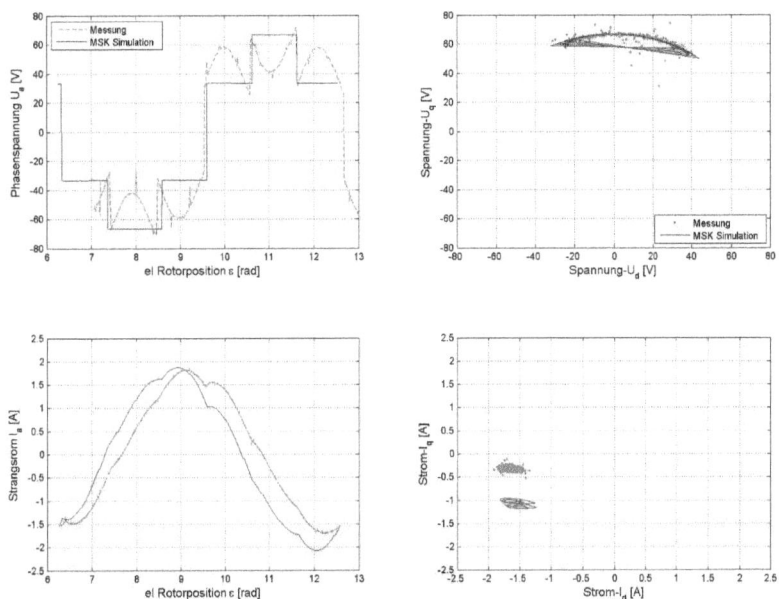

Abbildung 7.5: Zeitlicher Verlauf von Strangspannung und Strangstrom im Dreiphasen- sowie im d/q-Koordinatensystem für:
$\Delta\varepsilon = -15°$, $U_{DC} = 100$ V, $m_L = -2.3$ Nm, $\Omega = 957$ min^{-1}

x-Achse der Zeitsignale wurde zur besseren Vergleichbarkeit der Signale durch die elektrische Rotorposition ersetzt. Nur so ist ein direkter Vergleich der ursprünglichen Zeitverläufe möglich, da ansonsten die Abweichung zwischen simulierter und gemessener Drehzahl zu einer fortlaufenden Phasenverschiebung der Signale führt.

Eine nicht optimale interne Symmetrierung der verwendeten Gleichspannungsquelle sowie der EMV-Einfluss des Antriebsumrichters der Lastmaschine führen dazu, dass die aufgezeichneten Spannungssignale einen hohen Verzerrungs- sowie Rauschanteil aufweisen.

Dennoch zeigt sich eine gute Übereinstimmung zwischen den Mess- und Simulationsergebnissen innerhalb des betrachteten Arbeitsbereiches. Insbesondere der dynamische Verlauf des Strangstroms wird durch die Simulation sehr gut wiedergegeben. Die Spannungssignale zeigen den typischen Einfluss der Klemmdioden. Dieser wird sichtbar, wenn die Strangspannung kurzzeitig auf einen diskreten Wert von $\pm\frac{1}{3}U_{DC}$ bzw. $\pm\frac{2}{3}U_{DC}$ angehoben bzw. abgesenkt wird. Dies sind die Zeitintervalle, in denen die Dioden für eine Klemmung der induzierten Spannung sorgen und der Strangstrom sich sehr schnell ändert (siehe Abb. 7.6)

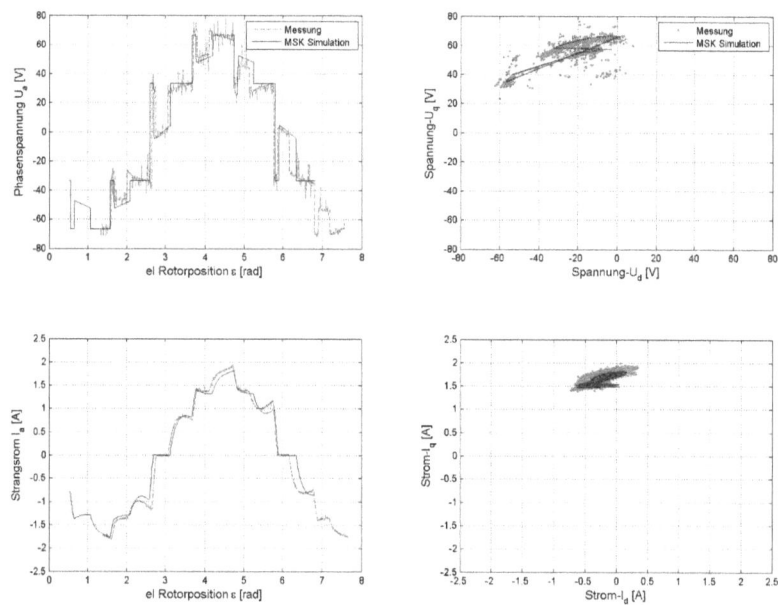

Abbildung 7.6: Zeitlicher Verlauf von Strangspannung und Strangstrom im Dreiphasen- sowie im d/q-Koordinatensystem für:
$\Delta\varepsilon = -15°$, $U_{DC} = 100$ V, $m_L = 3.1$ Nm, $\Omega = 153$ min^{-1}

Genau in diesen motorischen Betriebssituationen kommt es auch zu einem quasi-zwölfpulsigen Betrieb des Kommutators (siehe Abb. 5.2), bei dem im Strangstrom ein Stromplateau existiert. Zu erkennen ist dieses Plateau im Graphen (2,1) der Abb. 7.6. Durch den Einfluss der Klemmdioden wechselt der Kommutator dynamisch zwischen dem 12- und 6-pulsigen Betrieb. Diesen Sprung der Betriebsart kann man gut im Graphen (1,2) der Abb. 7.6 erkennen, wo sich der Spannungszeiger im d/q-Koordinatensystem nach links außen bewegt.

Im dargestellten generatorischen Betriebspunkt der Abb. 7.5 sind größere Abweichungen zwischen der MSK-Simulation und Messung vorhanden. Insbesondere die Phasenlage des Stromes weicht ab, was auch bereits im vorhergehenden Abschnitt bei den stationären Kennlinien angemerkt wurde. In diesem Betriebspunkt ist jedoch zu erkennen, dass die Maschine sowohl bei der Messung als auch in der Simulation durch ein 6-pulsiges Drehspannungssystem gespeist wird. Hervorgerufen wird dies dadurch, dass die jeweilige Klemmdiode durch die wirkenden Spannungszustände dauerhaft leitet, während die Bürste die Nullsektion durchläuft (siehe auch Abschnitt 5.2.2).

Zu beachten ist hierbei, dass die jeweilige Klemmdiode den Strangstrom der Phase führt

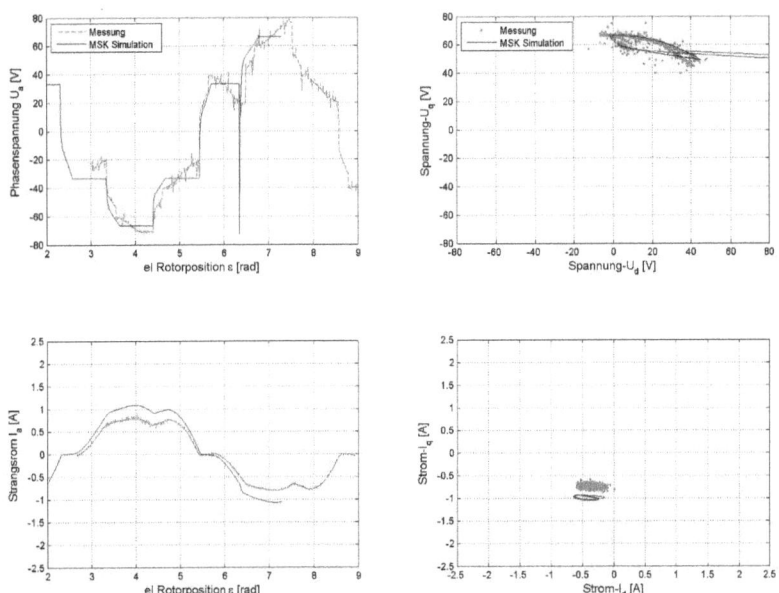

Abbildung 7.7: Zeitlicher Verlauf von Strangspannung und Strangstrom im Dreiphasen- sowie im d/q-Koordinatensystem für:
$\Delta\varepsilon = 15°$, $U_{DC} = 100$ V, $m_L = -1.9$ Nm, $\Omega = 695$ min^{-1}

während die Bürste die Nullsektion durchläuft. Hierdurch kommt es in dieser Betriebsart zu einer erhöhten thermischen Beanspruchung der Klemmdioden.

Auch die Abb. 7.7 zeigt einen generatorischen Betriebspunkt, jedoch bei einem Phasenoffset von $\Delta\varepsilon = 15°$. Die entstehenden Plateaus des Stroms in Graph (2,1) zeigen jedoch, dass es auch in dieser generatorischen Lastsituation zumindest zeitweise zu einem quasizwölfpulsigen Betrieb kommt.

Im Verlauf der Spannungssignale der Simulation ist eine fehlerhafte Berechnung des Verhaltens der Klemmdioden festzustellen. Da die Klemmdioden hier fehlerhafterweise nicht leitend werden, kommt es zu der dargestellten induzierten Spannungsspitze.

Die Strangspannung beim Durchlaufen der Nullsektion entspricht bei gesperrten Klemmdioden der induzierten Spannung der Maschine. Dies ist besonders gut im Graphen (1,1) der

Abb. 7.8 zu erkennen. Die auftretenden Höcker des Spannungssignals entsprechen genau der induzierten Strangspannungen. Die Höcker entstehen dadurch, dass der Momentanwert der induzierten Spannung größer ist als die wirkende Gleichspannung (generatorischer Betrieb).

In Abb. 7.8 befindet sich die Maschine nahezu im Leerlauf. Es ist erkennbar, dass der Strangstrom im idealen Leerlauf einen pulsierenden Zeitverlauf hat, bei dem die Grundschwingung des Stroms und damit das Drehmoment zu Null werden. Hierbei wir der Stromverlauf dann ausschließlich durch die harmonischen Anteile bei den Ordnungszahlen $6k \pm 1$ mit $k = 1, 2, 3, ...$ gebildet.

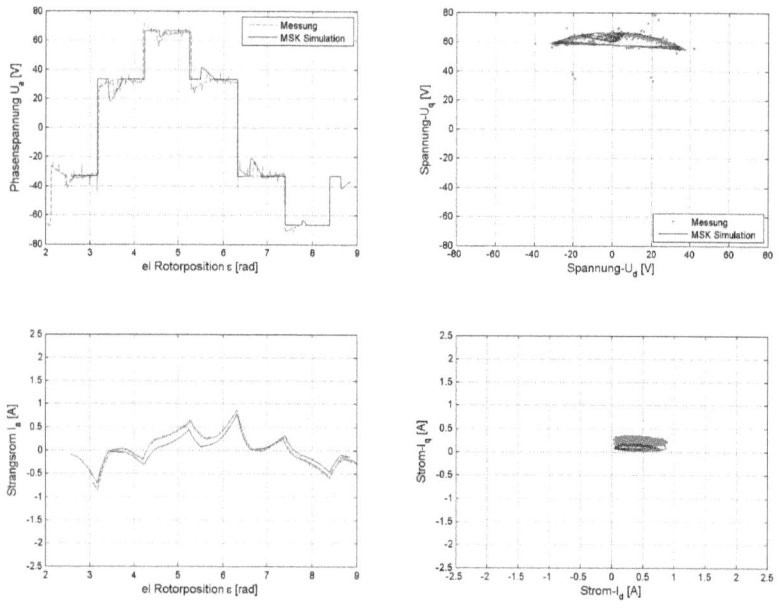

Abbildung 7.8: Zeitlicher Verlauf von Strangspannung und Strangstrom im Dreiphasen- sowie im d/q-Koordinatensystem für:
$\Delta\varepsilon = 15°$, $U_{DC} = 100$ V, $m_L = 0.3$ Nm, $\Omega = 430$ min^{-1}

Kapitel 8

Zusammenfassung und Ausblick

Die vorliegende Arbeit schafft die Grundlagen, eine permanenterregte Synchronmaschinen mit vergrabenen Magneten (IPM) mittels eines mechanischen Kommutators aus einer Gleichspannungsquelle zu betreiben. Die Idee zu dieser Entwicklung stammt aus der Praxis der Pitchantriebe, in der heute noch Gleichstrommaschinen zum Einsatz kommen, die bislang als einziger Maschinentyp über die Möglichkeit des direkten Betriebs aus einer Gleichspannungsquelle verfügen.

Ziel war es, die Sicherheitsfunktion des Windkraftanlagen-Nothalts ohne leistungselektronische Komponenten und Software zu gewährleisten. Die Wahl nach einer elektromechanischen Lösung folgt hierbei aus der Betrachtung der Ausfallwahrscheinlichkeiten.

Hierzu wird im Rahmen der Arbeit eine sicherheitsbezogene Analyse der Nothaltfunktion von Windkraftanlage und Pitchsystem unternommen. Es wird eine Argumentationskette entwickelt, mit der die unter der Maschinenrichtlinie harmonisierte Norm DIN EN ISO 13849 direkt auf die betrachtete Sicherheitsfunktion des Pitchsystems angewendet werden kann. Es wird quantitativ bewiesen, dass eine elektromechanische Realisierung der Motoransteuerung zu einer signifikanten Steigerung des erreichbaren Sicherheitslevel führt.

Die Übertragung des Steuerungsprinzips von direkt betriebenen Gleichstrommaschinen auf die Synchronmaschine führte zu einem neuartigen Ansteuerungsverfahren, bei dem die Synchronmaschine mit einem rotorgesteuerten Drehspannungssystem konstanter Amplitude betrieben wird. Die Eigenschaften einer derart betriebenen Maschine werden insbesondere für den stationären Fall intensiv analysiert.

Ergebnis dieser Analyse ist die analytische Beschreibung des in der Praxis möglichen Spannungsstellbereiches von d- und q-Komponente der Spannung für permanenterregte Maschinen mit vergrabenen Magneten. Es wird zudem gezeigt, dass der mögliche Spannungsbereich durch das Hinzuschalten eines Vorwiderstands vergrößert werden kann. Diese Erkenntnis ist insbesondere für die in der Praxis zum Einsatz kommenden Pitchmotoren sehr wichtig, da sie aufgrund des konstruktionsbedingt geringen Produkts ΨR_s und der vorhandenen Reluktanz ($L_d < L_q$) einen nur sehr eingeschränkten Spannungsstellbereich aufweisen.

Sowohl die analytische Betrachtung als auch Berechnungen mit den Prüflingsdaten zeigen, dass das Drehmoment-Drehzahl-Verhalten einer direkt betriebenen IPM-Maschine eine Reihenschlusscharakteristik aufweist. Dies gilt ebenfalls für den Strombedarf der Maschine, der bei zunehmender Last wie bei einem Reihenschlussverhalten abflacht (jeweils ohne Berücksichtigung der Sättigung).

Charakteristisch für das Maschinenverhalten sind resultierende Kippmomente in der Kennlinie, wie sie von der Asynchronmaschine her bekannt sind. Die Ausprägung des generatorischen Betriebsbereichs der Maschine hängt stark von der Reluktanz der Maschine sowie von Betrag und Winkel des anliegenden Spannungszeigers ab.

Bei allen bis hierher durchgeführten Betrachtungen gilt die Annahme eines sinusförmigen rotorgesteuerten Drehspannungssystems. Ein weiteres Ziel ist es nun, eine mechanische Realisierung des Drehspannungssystems zu entwickeln.

Hierzu werden zunächst mögliche diskrete Schaltsequenzen analysiert. Neben bekannten Schaltmustern, wie sie von direkten Regelverfahren sowie der Blocktaktung her bekannt sind, wird eine sogenannte MSK-Sequenz (Mechanische Selbst-Kommutierung) ermittelt. Diese durch einen besonderen Kommutator verwirklichte Schaltsequenz zeichnet sich durch spezielle Schaltzustände aus, die eine mechanische Realisierung der Stromkommutierung überhaupt erst ermöglichen.

Im rotierenden Teil des Kommutators müssen zudem Klemmdioden integriert werden. Diese haben einerseits die Aufgabe die induzierte Spannung bei Schaltvorgängen zu begrenzen. Andererseits gewährleisten die Dioden, dass die Phasenlage der Strangströme weiterhin durch die EMK beeinflusst werden kann und hierdurch ein Betrieb über einen weiten Drehmomentbereich ermöglicht wird.

Für die Simulation der MSK-angesteuerten Maschine im Zeitbereich erwies sich das dynamische Schalten der Klemmdioden als größte Herausforderung. Da das Schalten der Ventile von den inneren physikalischen Spannungszuständen der Maschine abhängt, wurde die gesamte Simulation im statororientierten dreisträngigen System entwickelt. Eine derartige dynamische Simulation des Gesamtmodells führt hierbei jedoch zunächst zu fehlerhaft berechneten Nullströmen.

Gelöst wird diese Problematik durch die explizite Berücksichtigung der Sternverschaltung der Statorwicklungen im Maschinenmodell. Die Anwendung von Maschen- und Knotenregel auf das dreidimensionale Gleichungssystem der Maschine führt auf ein transformiertes Maschinenmodell, durch das bei auftretenden Unsymmetrien in den Wicklungssträngen, zum Beispiel durch numerische Ungenauigkeiten, die Einhaltung der Knotenregel im Sternpunkt in jedem Simulationsschritt gewährleistet ist.

Mit dem im Rahmen der Promotion entwickelten Prüfstand wird zum einen die Praktikabilität des Konzepts nachgewiesen und zum anderen werden durch ihn quantitative Messergebnisse erzielt. Die Richtigkeit der theoretischen Betrachtungen wird durch den Vergleich der Messergebnisse mit den stationären Berechnungen sowie den Simulationen im Zeitbereich nachgewiesen.

Das Interesse in der Windkraft an Lösungen, die die Anforderungen der funktionalen Sicherheit erfüllen, ist derzeit besonders groß. Dies steht im Zusammenhang damit, dass alle in Entwicklung befindlichen WKA-Prototypen nach der neuen GL-Richtlinie zu zertifizieren sind. Der Druck auf die Hersteller von Pitchsystemen ist damit groß, Lösungen zur Erfüllung der Anforderungen der Funktionalen Sicherheit anzubieten.

Die im Rahmen dieser Arbeit vorgestellte Lösung erfüllt damit wesentliche Bedürfnisse des Marktes, wodurch eine rasche Umsetzung des Konzepts in Form eines Produktes mit Hochdruck vorangetrieben werden sollte.

Die nächsten Schritte bestehen darin, die in Abb. 1.3 dargestellte Designstudie in Form eines Prototyps umzusetzen und damit den Kommutatorbetrieb für permanenterregte Synchronmaschinen der mittleren Leistungsklasse zu untersuchen.

Literaturverzeichnis

[1] M. Depenbrock
Direct self-control of inverter-fed induction machine
Trans. Power Electron., vol. 3, Oct. 1988

[2] I.Takahashi,T. Naguchi
A new quick-response and high-efficiency control strategy of an induction motor
IEEE Transactions on Industrial Applications, vol.IA-22, Oct. 1986

[3] R.H. Park
Two-Reaction Theory of Sychronous Machines-Part I
Transactions of the American Institute of Electrical Engineers, Vol 48, Issue 3, Jul. 1929

[4] R.H.Park, B. Brook
Two-reaction theory of synchronous machines-II
Transactions of the American Institute of Electrical Engineers, Vol 52, Issue 2, Jun. 1933

[5] C. French, P. Acarnley
Direct Torque Control of Permanent Magnet Drives
IEEE IAS, Florida, Proc S.199-206, 1995

[6] L. Zhong, M. F. Rahman
Analysis of Direct Torque Control in Permanent Magnet Synchronous Motor Drives
IEEE Transactions on Power Electronics, Vol. 12, No.3, Mai 1997

[7] Zordan, M. Vas, P. Rashed, M. et al.
Field-weakening in vector controlled and DTC PMSM drives, a comparative analysis
IEEE Conference, Power Electronics and Variable Speed Drives, 2000

[8] H. Yuwen et al.
In-depth Research on Direct Torque Control of Permanent Magnet Synchronous Motor
IECON 2002, Sevilla, Spain, Nov 2002

[9] L. Tang et al.
A Novel Direct Torque Control for Interior Permanent-Magnet Synchronous Machine Drive With Low Ripple in Torque and Flux-A Speed-Sensorless Approach
IEEE Transactions on Industry Applications, Vol. 39, No. 6, Dez 2003

[10] D.Ocen, L.Romeral et al.
Discrete Space Vector Modulation Applied on a PMSM Motor
IEEE PESC, Jeju, South Korea 2006

[11] L. Jian, L. Shi
Stability Analysis for Direct Torque Control of Permanent Magnet Synchronous Motors
IEEE ICEMS, Nanjing, China, 2005

[12] A. Kadir, M.N. Mekhilef, S. Hew
Comparison of Basic Direct Torque Control Designs for Permanent Magnet Synchronous Motor
IEEE PEDS, Bangkok, Thailand, 2007

[13] Y. Yan, J. Zhu, Y. Guo
A Direct Torque Controlled Surface Mounted PMSM Drive with Initial Rotor Position Estimation Based on Structural and Saturation Saliencies
IEEE IAS, New Orleans, USA, 2007

[14] Y. Li, W. Liu
Simulation Study on the Effect of Voltage Vector on Torque in Direct Torque Control System of Permanent Magnet Synchronous Motor
IEEE ICIEA,Harbin, China, 2007

[15] Y. Wang, J. Zhu
Modelling and implementation of an improved DSVM scheme for PMSM DTC
IEEE ICEMS,Wuhan, China, 2008

[16] Y. Li Gerling, D. Weiguo Liu
A novel switching table using zero voltage vectors for direct torque control in permanent magnet synchronous motor
IEEE ICEM, Sydney, Australia, 2008

[17] X. Ye, T. Zhang
Direct torque control of permanent magnet synchronous motor using space vector modulation
IEEE CCDC, Xuzhou, China, 2010

[18] Y. Zhang, J. Zhu
Direct Torque Control of Permanent Magnet Synchronous Motor with Reduced Torque Ripple and Commutation Frequency
IEEE Transactions on Power Electronics, Vol 26, Issue 1, 2011

[19] S. Haghbin, S. Lundmark, O. Carlson
Performance of a direct torque controlled IPM drive system in the low speed region
IEEE ISIE, Proc:, S. 1420-1425, Jul 2010

[20] D. Schröder
Elektrische Antriebe - Regelung von Antriebsystemen
Springer Verlag, ISBN 978-3-540-89612-8, 2008

[21] T. Rösmann, S. Soter
Regenerative Operation of DC-Series Machines in Pitchsystems for Multimegawatt Windturbines
IAS 2008, Edmonton, Kanada, Oct 2008

[22] T. Rösmann, S. Soter
Analysis of Instability of Direct Powered DC-Compound Machines in Pitch Systems of Large Wind Turbines
ICIT 2010, Val Paraiso, Chile, März 2010

[23] S. Kulig
Elektrische Antriebe und Mechatronik
Skriptum, Fakultät für Elektrotechnik, TU Dortmund, 2004

[24] T. Rösmann
Entwicklung eines nichtlinearen Beobachters für eine Gleichstrom-Doppelschluss Maschine
Diplomarbeit, Fakultät für Elektrotechnik, TU Dortmund, März 2006

[25] T. Orlik et al.
Modelling and Identifcation of Saturation Effects of Permanent Magnet Synchronous Motors
PCIM, Nürnberg, Germany, Mai 2011

[26] X. Q. Wu, A. Steimel
Direct Self Control of Induction Machines Fed by a Double Three-Level Inverter
IEEE Transactions on Industrial Electronics, vol.44, No.4, Aug 1997

[27] M. Geyler, P. Caselitz
Robust Multivariable Pitch Control Design for Load Reduction
on Large Wind Turbines
Journal of Solar Energy Engineering, Vol. 130, Aug 2008

[28] M. Geyler, P. Caselitz
Regelung von Drehzahlvariablen Windkraftanlagen
Automatisierungstechnik, Vol. 56, S. 614, Dez 2008

[29] M. Geyler, P. Caselitz
Lastreduzierende Pitchregelung für Windenergieanlagen
Automatisierungstechnik, Vol. 56, S. 627, Dez 2008

[30] T. Rösmann, F. Senicar
Pitchantriebe in Windkraft - und Meeresströmungsanlagen
12. Kassler Symposium Energie-Systemtechnik, Kassel, Nov 2007

[31] S. El-Henaoui
Greater Efficiency and Reliability of Wind Turbines
Modern Energy Review, Vol 2, Issue 2, April 2010

[32] Germanischer Lloyd Industrial Services GmbH
Richtlinie zur Zertifizierung von Windkraftanlagen
Germanischer Lloyd Hamburg, IV, Ausgabe 2010, Juli 2010

[33] International Electrotechnical Commission
IEC 61400-1 Wind turbine generator systems
Second edition, Februar 1999

[34] Maschinenrichtlinie
Maschinenrichtlinie 2006/42/EG
Europäisches Parlament und Rat, Mai 2006

[35] E.ON Netz GmbH
Netzanschlussregeln für Hoch- und Höchstspannungen
E.ON Netz GmbH Bayreuth,Kapitel 3.2.6, April 2006

[36] T. Rösmann
Solutions for Pitch Systems facing new guidelines and customer requirements
E/E Systems for Windturbines, Bremen, Mai 2011

[37] T. Rösmann, S. Adelt
Kollektive und Individuelle Regelung von Rotorblättern

VDI-Fachkonferenz, Rotoren und Rotorblätter von Windenergieanlagen, Hamburg, April 2011

[38] S. Adelt, T. Rösmann
Pitch System Model for More Realistic Load Simulations of Wind Turbines
EWEA, Brüssel, März 2011

[39] W. Korte, H. Römer
Bürstenloses Antriebssystem für Servoantriebe
Antriebstechnik 24, Nr.9, S.36-40, 1985

[40] Y.Yu Tzou et al.
Dual DSP sensorless speed control of an
induction motor with adaptive voltage compmensation
PESC 1996, Proc.:, S.351-375, Baveno, Italy

[41] A. Haun
Vergleich von Steuerverfahren für spannungseinprägende Umrichter zur Speisung von Käfigläufermotoren
Dissertation, TH Darmstadt, 1991

[42] S. Beineke et al.
Implementation and Applications of Sensorless Control for Synchronous Machines in Industrial Inverters
First Symposium on Sensorless Control for Electrical Drives, SLED, Padova, Italien, 2010

[43] J. Wiesemann, A. Steimel
Further development of direct self control for application in electric traction
ISIE, Proc.:, S.180-185, 1996

[44] U. Baader, M. Depenbrock, G. Gierse
Direct self control (DSC) of inverter-fed induction machine:
a basis for speed control without speed measurement
IEEE Transactions on Industry Applications, Proc.:, S.581-588, Vol.:28, 1992

Anhang A

Parameter der Testmaschine

Tabelle A.1: Technische Daten des Prüflings

Bezeichnung	Formelzeichen	Wert	Einheit
Typ	-	4PMGF63w	-
Induzierte Spannung	-	sinusförmig	-
Nennmoment	M_n	4	Nm
Nennstrom	I_n	1,5	A
Nenndrehzahl	n_n	1500	min^{-1}
Nennspannung	U_n	230	V
Nennleistung	P_n	628	W
Permanentmag. Fluss	Ψ_{pm}	0,63	Vs
d-Induktivität	L_d	0,125	H
q-Induktivität	L_q	0,2	H
Strang Widerstand	R_s	23	Ω
Polpaarzahl	Z_p	2	1

Stichwortverzeichnis

A
AC-Pitchsystem, 4
Asynchronmaschine, 3

B
B6I-Brückenschaltung, 82
Batterie-Betrieb, 14
Blattkoordinaten, 16
Blei-Vlies-Akkumulatoren, 14, 89
Block-Sequenz, 70
Betriebspunkte, 54
Blockkommutierung, 24

C
CE-Konformität, 27
Common Cause Failure, 29

D
d/q-Koordinatensystem, 71
DC-Pitchsystem, 4
DLC, 15
DSR-Sequenz, 70
Diagnosedeckungsgrad, 29
Direct Torque Control, 21, 83
Direkte Regelungsverfahren, 19, 83
Direkte Selbstregelung, 83
Direkte Selbstregelung (DSR), 20
Dynamisches Maschinenverhalten, 58, 64

E
E.ON Fall, 14
Einzelblattregelung, 12
Ersatzschaltbild Kommutator, 81, 91

F
Fahnenstellung, 10
Frequenzspektrum, 74
Flussraumzeiger, 21
Flussregler, 21
Funktionale Sicherheit, 27

G
Galvanische Kopplung, 101
Gleichstrommaschine, 3
GL2010, 28

H
Harmonische, 74

I
Ideeller Sinus, 66, 71
Interior Permanent Magnet (IPM), 3
IPM-Maschine, 23

K
Klemmdioden, 79, 82
Kommutator-Bürste, 110
Kommutatoraufbau, 80, 110
Kommutatormodell, 91
Kommutierungsdauer, 75
Koppelinduktivitäten, 95
Kategorie, 29, 31
Kipppunkte, 46
Kritische d-Spannung U_1^{dkrit}, 44
Kritische d-Spannung U_2^{dkrit}, 49
Kritische q-Spannung U_1^{qkrit}, 49
Kritische q-Spannung U_2^{qkrit}, 50, 53

L

Leistungsaufnahme, 56, 61

M

$MTTF_d$, 29
Mechanische Selbst-Kommutierung, 5, 65, 70, 76, 85
Messergebnisse, 111
Modellaufbau, 88, 89
Maschinenrichtlinie, 27

N

Notfahrt, 13
Nullstromfreies Maschinenmodell, 101

O

Oberschwingungen, 71

P

Parktransformation, 73
Phasenoffset, 38, 110
Pitch-Drehmoment, 15
Pitch-Leistungsbedarf, 17
Pitchbetrieb, 13
Pitchgeschwindigkeit, 14
Pitchsystem, 4, 12
Pitchwinkel, 9
Prüfaufbau, 110
Performace Level, 28
PFH, 29
Polbedeckungsfaktor, 25

Q

Quasi-zwölf-pulsiges Spannungssystem, III, 68, 71, 116

R

Rothe-Erde-Formel, 17
Raumzeiger, 20
Reluktanzeinfluß, 47, 53, 57, 63
Rotorgesteuertes Drehspannungssystem, 37

S

Schaltbedingung, 91
Schaltfrequenz, 75
Spannungsraumzeiger, 20, 71
Spannungszustände, 67
Sternschaltung, 101
Schaltfrequenzregler, 21
Schmitttrigger, 20, 22
Sicherheitsfunktion, 28
Sicherheitsfunktion 'Nothalt WKA', 32
Spannungsabhängigkeit des Maschinenverhaltens, 55, 60
Spannungsstellbereich , 52
SRP/CS, 29
Stromüberregungsfaktor, 25

T

Trajektorie, 60
Trapezförmige EMK, 25

U

Ultrakondensatoren, 90

V

Vergleich der Regelverfahren, 83

W

Weibullverteilung, 11
WKA-Drehzahlregelung, 14
Wicklungswiderstand, 45, 53, 57, 62

Z

Zeigerdiagramm, 38

www.ingramcontent.com/pod-product-compliance
Lightning Source LLC
Chambersburg PA
CBHW070248230526
45470CB00002B/515